Robert Bosch

rowohlts monographien
begründet von
Kurt Kusenberg
herausgegeben von
Uwe Naumann

Robert Bosch

Dargestellt von Hans-Erhard Lessing

Rowohlt Taschenbuch Verlag

Umschlagvorderseite: Robert Bosch 1905
in Jäger'schem Normalanzug
Umschlagrückseite: Robert Bosch 1941
Plakat von Lucian Bernhard 1914

Seite 3: Robert Bosch in seinem Büro, 1906

Originalausgabe
Veröffentlicht im Rowohlt Taschenbuch Verlag,
Reinbek bei Hamburg, August 2007
Copyright © 2007 by Rowohlt Verlag GmbH,
Reinbek bei Hamburg
Umschlaggestaltung any.way, Wiebke Jakobs,
nach einem Entwurf von Ivar Bläsi
Redaktionsassistenz Katrin Finkemeier
Reihentypographie Daniel Sauthoff
Layout Gabriele Boekholt
Satz PE *Proforma und* Foundry Sans *PostScript,*
InDesign CS2 4.0.2
Gesamtherstellung Clausen & Bosse, Leck
Printed in Germany
ISBN 978 3 499 50594 2

INHALT

Robert Bosch prüft die Arbeit eines Lehrlings, 1936

Prolog

Amsterdam, Ende März 1921. Ein sechzigjähriger, drahtiger Passagier besteigt mit einem Mitarbeiter das Schiff «Brabantia» des Königlich-Holländischen Lloyd, das nach Buenos Aires und Rio de Janeiro auslaufen wird. Er trägt einen grauen Vollbart, und der Mittelfinger der linken Hand ist seit einem Jagdunfall zur Hälfte amputiert, was er geschickt zu verbergen weiß. Dieser Geschäftsmann heißt Robert Bosch, er ist Dr. Ing. ehrenhalber, Aufsichtsratsvorsitzender und Mehrheitsaktionär seiner Firma Robert Bosch AG im württembergischen Stuttgart, die Niederlassungen oder Verkaufshäuser in allen Kulturstaaten der Erde besitzt. Nun beabsichtigt er, seine entlegenen Vertretungen in Südamerika zu besuchen. Er steht schon seit sieben Jahren im «Jahrbuch der Millionäre in Württemberg», damals noch mit 20 Millionen Mark Vermögen und vier Millionen Jahreseinkommen. Nur neun Männer sind noch reicher im just untergegangenen Königreich, darunter König Wilhelm II. selbst und an der Spitze Albert von Thurn und Taxis. Also «business as usual» bei dieser Fahrt – möchte man denken.

Doch die Schiffsreise dürfte auch der Selbstbesinnung gedient haben. Boschs einziger Sohn Robert Eugen, dreißig Jahre alt und als Nachfolger auserkoren, ist unheilbar an Multipler Sklerose erkrankt und wird noch während dieser Reise zu Hause sterben. Das Ehepaar Bosch hat sich über diesem Drama entfremdet. Anna Bosch, geb. Kayser, kurt mit dem kranken Sohn in Badeorten. Die beiden Töchter haben das Haus früh verlassen, eine vor dem Ersten Weltkrieg erbaute Villa in Stuttgarter Hanglage mit vielen dienstbaren Geistern. Die bald dreiunddreißigjährige Gretel hat in Berlin und Tübingen Volkswirtschaft studiert und promoviert. Jetzt leitet sie dem Vater den Haushalt. Die einunddreißigjährige Paula ist mit dem sechzehn Jahre älteren Maler Friedrich Zundel liiert, Noch-Ehemann der Spartakistin Klara Zetkin, und wohnt in ihrem neuerbauten «Berghof» in Tübingens Stadtteil Lustnau.

Auch in der Firma hatte es Tragödien gegeben. Boschs rechte Hand, der Junggeselle Gustav Klein, der ihn seinerzeit aus der Umklammerung des ersten Kompagnons Frederick Simms befreite, war vor vier Jahren beim Probeflug eines Riesenbombers in Staaken bei Berlin abgestürzt und gestorben. Schwager Eugen Kayser, befreundet seit dem gemeinsamen Militärdienst und später von Bosch zum Leiter des Feuerbacher Zweigwerks gemacht, ging gegen Ende des Ersten Weltkriegs in den Freitod, nachdem zwei Söhne gefallen und seine Frau gestorben waren.

Verständlich der Wunsch, einmal zu alledem auf Distanz zu gehen und eine Auszeit zu nehmen! Bosch beginnt auf dem Schiff, Erinnerungen niederzuschreiben. Anders als sonst bei Technikern sind seine Biographen daher in der glücklichen Lage, sich auf Selbstzeugnisse berufen zu können. Seine Texte lassen allerdings das typisch schwäbische Understatement erkennen, das nicht immer für bare Münze zu nehmen ist. Baden-Württembergs früheren Ministerpräsidenten Lothar Späth hat diese Haltung seiner Landsleute immer wieder zu dem Appell getrieben: «Leut, send net so zrickhaldend!» Bald durchschaut man den Algorithmus der Selbstbewertung bei Bosch: erst komplette Untertreibung – dann vorsichtige Relativierung. Des ungeachtet machen diese Aufzeichnungen die Rekonstruktion seines erstaunlichen Werdegangs möglich.

Selbst die Bosch-Biographie von Theodor Heuss, noch zu Lebzeiten des Dargestellten in Auftrag gegeben und dann erst nach dem Zweiten Weltkrieg erschienen, nimmt den wortkargen Unternehmer manchmal zu sehr beim Wort. Das Buch war im Schwäbischen lange das Konfirmationsgeschenk schlechthin, damit der Konfirmand tunlichst so erfolgreich wie Bosch werde. Die spannende Technikgeschichte der Motorenzündung hat fernab in Berlin den Kulturjournalisten, der Heuss damals war, allerdings eher kursorisch interessiert. Und so lernte der beschenkte Konfirmand vor allem, wie man nach einem Erfolg sein Geld für korrekte Zwecke spendet.

Vom Brauereigasthof « Zur Krone » nach Ulm

175 Kilometer südwestlich der alten Handelsstadt Nürnberg und zwölf Kilometer vor der Donaustadt Ulm liegt an dem alten Handelsweg zwischen beiden der heute noch betriebene Gasthof «Zur Krone» am Rand des Fleckens Albeck. Die Lage war günstig, denn in Richtung Ulm war eine Anhöhe zu überwinden, weshalb die Fuhrleute lieber hier die Pferde ausspannten und in den Stall brachten, damit diese am anderen Morgen ausgeruht und mit Vorspannpferden der «Krone» den Weg nach Ulm schafften. Natürlich gehörte auch Landwirtschaft dazu mit 200 Morgen Land und 50 Morgen Wald, 25 Rindern und sechs bis acht Pferden, die ja auch zum Vorspannen gebraucht wurden. Obendrein wurde noch Bier gebraut und als Flaschenbier bis nach Ulm ausgefahren. Hier wurde Robert Bosch am 23. September 1861 geboren und

Das «Gasthaus
zur Krone»,
Geburtshaus
Boschs in Albeck,
1931

9

auf die Vornamen August Robert evangelisch getauft. Er war das vorletzte Kind der «Kronen»-Wirtsleute, deren Ältester zu diesem Zeitpunkt bereits verheiratet und mit eigenen Kindern auf dem ererbten Gasthof der Mutter im Nachbardorf wohnte. Der Gasthof «Zur Krone» war für seine soziale Einstellung schon seit dem Hungerjahr 1816 bekannt, jener letzten großen Überlebenskrise der Menschheit, wie wir heute die weltweite Klimakatastrophe nach der Stauberuption des Vulkans Tambora sehen. Es gab damals einen Mittagstisch für die hungernden Ärmsten. Zeitgleich hatte in Mannheim der Forstbeamte Karl Drais die verendeten Pferde durch das Zweirad zu ersetzen versucht und damit den modernen Individualverkehr angestoßen, der dann Robert Bosch groß machen sollte.

Vater Servatius Bosch (1816–1880) war als Einzelkind und vaterlos auf dem Hof aufgewachsen. Robert Bosch erinnert sich: *In religiöser Hinsicht wurden wir sehr freisinnig erzogen. Wir wurden aber nicht in bestimmter Richtung beeinflußt, man überließ es uns, uns eine Meinung zu bilden. Mein Vater selbst war Freimaurer und überzeugter Demokrat. Als solcher war er ein Gegner Bismarcks und des Preußentums.* (Bosch 1921, S. 3) Die absolute Rechtlichkeit des Vaters hatte diesem vor Jahren eine Dauerfehde mit dem Schultheißen von Albeck eingebracht. Als er erfuhr, dass beim Überschreiten der Polizeistunde in einer anderen Gastwirtschaft einzig ein armer Besenbinder eingesperrt wurde, ging er zur Frau des Büttels, verlangte die Gefängnisschlüssel und befreite den Besenbinder. Für diese Eigenmächtigkeit wurde er zu acht Wochen im württembergischen Gefängnis Hohenasperg verurteilt. Diese Niederlage wird ihn später in dem Entschluss bestärkt haben, seinen Besitz zu verkaufen und

Der Vater: Servatius Bosch

die anders nicht aufkündbare Dorfgemeinschaft mit dem lebenslang gewählten Schultheißen zu verlassen.

Die Mutter Marie Margarethe, geb. Dölle, (1818–1898) war als Einzelkind und, mit vierzehn Jahren vaterlos geworden, im Gasthof «Zum Adler» im Nachbarort Jungingen aufgewachsen und früh auf sich selbst gestellt. Mit neun Kindern und drei Kindstoten hatte sie zwölf Geburten zu überstehen. *Wir Kinder hingen an den Eltern, die uns Verständnis entgegenbrachten, wenn auch in unsere Familie Zärtlichkeit nie zur Schau getragen wurde. Vater und Mutter waren auch in der Öffentlichkeit angesehen. Die Mutter war im Geschäft [...] außerordentlich tüchtig und tätig. [...] In meinem elterlichen Hause konnte man eine ganze und große Bauernhochzeit von Zinn speisen lassen. [...] Meine Mutter stand zu jeder Zeit in der Nacht auf, um den Fuhrleuten zu kochen, wenn sie spät noch kamen* (Bosch 1921, S. 2 f.) – oder um für den hustenden Robert mitten in

Die Mutter: Margarethe Bosch

der Nacht Malzbonbons zu machen. Hier kann man den Ursprung des Geschäftssinns von Robert Bosch erkennen. Diese täglichen Dienste als geschäftliche Transaktionen, dieses Ich-gebe-damit-du-Gibst bekommen nur Kinder von Geschäftsleuten durch ständige Anschauung im Elternhaus prägend mit und haben darin, verglichen etwa mit Beamtenkindern oder reinen Bauernkindern, einen entscheidenden Vorteil. In der Gaststube oder beim Ausfahren des Biers zusammen mit dem Vater dürfte Bosch den Tausch von Ware gegen Geld täglich miterlebt haben. Andererseits wird angesichts des oftmals beängstigenden Arbeitspensums – Fuhrleute auch nachts bekochen, Bauernhochzeiten veranstalten, Bier brauen und ausfahren, dazu noch die Landwirtschaft umtreiben – der kommende Entschluss der Wirtsleute gegen die Fortsetzung der Plackerei und für den Verkauf des Besitzes nachvollziehbar.

Die Stellung als Nachkömmling in der Familie prädestiniert eher nicht zur Entwicklung von Führungsqualitäten. Zu oft sieht dieser sich am Ende der Befehlskette von den Eltern über die Geschwister herab zu ihm. Es gibt niemanden mehr, an den er die Befehle weitergeben kann. Er wird im Berufsleben Probleme damit haben, sich abzugrenzen. Insofern war es ein rechter Glücksfall, dass Robert durch die Geburt von Maria, des vier Jahre jüngeren neunten und letzten Kindes, aus dieser Rolle erlöst wurde. Hier war nun jemand, den man anleiten und dadurch die Last der elterlichen und der weit unsanfteren geschwisterlichen Vorgaben relativieren konnte: Maria war – so betrachtet – Roberts erster Lehrling, und als die Zeit reif war, fand der Jungunternehmer dann doch noch den Marschallstab im Tornister, wie Napoleons Metapher gemeinhin lautet.

Die Familie Bosch bei Roberts Einschulung

Servatius Bosch, 51, Kronenwirt ∞ Marie Margarethe, geb. Dölle, 49
   Jakob Friedrich, 29, verh. Adlerwirt
   Johann Georg, mit 24 gestorben
   Elisabetha, verh. Gnann, 25
   Karl Friedrich, 24, verh. Kaufmann, Köln
      Sohn Carl 1931 Nobelpreis Chemie
      Sohn Hermann ab 1920 im Bosch-Vorstand
   Barbara, 22, wird Franz Decker heiraten
   Karoline, 16, heiratet Karls Kompagnon
   Gustav Albert, 13, wird Architektur studieren
   (August) Robert, 6, wird Feinmechaniker
   Maria, 2, wird Karl Schnizer heiraten

Der halbfette Druck kennzeichnet die zu Hause anwesenden Kinder.

Als Spätgeborener war Robert nach heutigen Erkenntnissen der Familiendynamik zum Rebellen in der Familie und zum Erneuerer in der Gesellschaft prädestiniert. Beispiele aus der Wissenschaft sind Charles Darwin oder Kopernikus. Erstgeborene oder ältere Geschwister fraternisieren eher mit den Eltern, etwa indem sie sich den jüngeren gegenüber als Ersatzeltern anbieten (Sulloway 1999). So könnte es auch in der «Krone» gelaufen sein, als die älteren Brüder Karl und Albert in die Ulmer Realschule gingen und als Musterschüler glänzten. Aber auch sonst gab es heimliche Erzieher genug: die Großmutter und die älteren Schwestern. Ein Vorfall, der Bosch bis ins hohe Alter im Gedächt-

Bosch
mit seiner
Schwester
Maria,
Ulm 1871

nis blieb, wirft ein bezeichnendes Licht auf die Situation aller
Nachkömmlinge. Beim Spielen war Robert in den Brunnentrog
des Hofes gefallen und verteidigte sich nach der Befreiung, er sei
hineingestoßen worden. Es sieht ganz so aus, als ob die Eltern und
die älteren Geschwister ihre rhetorische Überlegenheit rückhalt-
los einsetzten, um ihm nachzuweisen, dass dies gelogen sei. Zur
Strafe musste er den Tag über ins Bett (Heuss 1946). Ohnehin ist
es die Grunderfahrung jedes Nachkömmlings, dass die Eltern und
die älteren Geschwister sich mit Blicken, Gesten und Codewör-
tern blitzschnell über seinen Kopf hinweg verständigen und es an
der nötigen Geduld fehlen lassen, dies dem Jüngsten noch einmal
ausführlich auseinanderzusetzen – schlechte Voraussetzungen
für dessen spätere Verhandlungskunst. Er fühlt zwar unbestimmt,

dass da etwas nicht zu seinen Gunsten läuft, kann sich aber noch nicht richtig zur Wehr setzen. Die Folge ist ein enormes Verlangen nach verlässlichen Spielregeln, die nicht ständig und mutwillig zu den eigenen Ungunsten geändert werden, und nach Bezugspersonen, denen man vertrauen kann. Robert Bosch hat dies ins Positive gewendet und wird fünfzig Jahre später in der Werkszeitung seinen geschäftlichen Grundsatz so formulieren: *Lieber Geld verlieren als Vertrauen. Die Unantastbarkeit meiner Versprechungen, der Glaube an den Wert meiner Ware und an mein Wort standen mir stets höher als ein vorübergehender Gewinn.* Und was Boschs spätere Verhandlungskunst betrifft, gibt es die Beobachtung, er sei unfähig gewesen, zwei Tage hintereinander Verhandlungen zu führen (Pierenkemper 1987, S. 14).

Als Mitglied des Eisenbahnkomitees für die geplante Linie Ulm–Aalen mit Anschluss nach Nürnberg bekam Servatius Bosch frühzeitig mit, dass die Ortschaft Albeck nicht an der neuen Bahn liegen werde. Die Folgen für den Gasthof waren absehbar – keine Fuhrleute mehr –, und für die reine Landwirtschaft gab es keinen Nachfolger, seit der zweitälteste Sohn Jakob 1864 an Lungenentzündung gestorben war. Alle Töchter heirateten Städter, und die jüngeren Söhne hatten andere Berufe ergriffen oder im Visier. So kam es zum Entschluss, den Hof und die Gastwirtschaft zu verkaufen und 1869 als Rentiers in die Stadt Ulm zu ziehen. Robert wurde noch ein Jahr in die Albecker Zwergschule geschickt, dann sollte er in Ulm gleich die Realschule besuchen. Nach dem Verkauf des Anwesens und der Versteigerung der beweglichen Habe verfügte man über 250 000 bis 300 000 Goldmark, von deren Zinsen die bald kleinere Familie in Ulm zur Miete gut leben konnte.

Seit Schienenstränge die ehemalige Reichsstadt mit Stuttgart und später mit Augsburg und München verbanden, ging es mit ihr wieder aufwärts. Die nach allen Regeln der Kunst ausgebaute Bundesfestung mit trickreich geschützten Eisenbahndurchlässen war eine der truppenstärksten deutschen Garnisonsstädte, wurde zum Glück aber nie belagert. Die Stadt besaß seit 1857 eine Gasanstalt und Gasleitungen, welche die Straßenbeleuchtung versorgten. In den privaten Haushalten gab es aber noch lange kein Gaslicht. Diese «Zweite Stadt» des Königreichs Württemberg nach Stuttgart hat die technische Zukunft Robert Boschs geprägt. Servatius

Bosch züchtete Bienen und ging weiterhin auf die Jagd bei Albeck. Er widmete sich der Politik in der Ulmer Volkspartei und legte eine ansehnliche Klassiker-Bibliothek an.

Die Aufnahmeprüfung in die Ulmer Realschule nach nur einem Jahr Dorfschule in Albeck bestand der junge Bosch 1869 nicht mit Glanz, wie die Eltern wohl etwas naiv in Analogie zu den älteren Brüdern und Musterschülern erwartet hatten. In Mathematik fehlten die Schuljahre. Dennoch, die deutschen Industriepioniere jener Zeit standen auf den Schultern ihrer Lehrer, wie man in Abwandlung des berühmten Newton'schen Zitats feststellen muss, und bei Bosch war es nicht anders. Die Abzweigung der Ulmer Realschule aus dem Gymnasium war das Werk des Mathematik- und Physiklehrers Dr. Christian Nagel gewesen, der mit Recht als der «Realien-Löwe» von Württemberg zu gelten hat. Gegen die Arroganz der humanistischen Kollegen mit ihrem Elitedünkel, weil sie Latein als Eintrittskarte für Pfarrer, Juristen und Ärzte unterrichteten, hatte er ein industrietaugliches, zu-

Boschs Physiklehrer und Rektor Christian Nagel (1803–1882), hier inmitten der Abschlussklasse 1876 (ohne Bosch, der zwei Klassen tiefer abging), wurde Ehrenbürger der Stadt Ulm und geadelt.

kunftsweisendes Schulmodell durchgesetzt, das nicht nur im Königreich Württemberg, sondern im ganzen Deutschen Bund Nachahmung fand. Der Abschluss berechtigte zur Aufnahme in die Polytechnische Schule Stuttgart, die spätere Königliche Technische Hochschule und heutige Universität. Als Rektor der Realschule hatte er gleich noch das passende Lehrbuch «Industrielle Physik» geschrieben, aber vorzugsweise für solche Schüler, welche die höheren Klassen einer Realschule besuchten, ohne von dort in eine polytechnische Schule überzugehen. Dabei setzte er – auch hier Realist – keine Kenntnis der Trigonometrie voraus. Bosch erinnert sich, dass er als Fünfzehnjähriger den Satz des Pythagoras nicht beweisen konnte (im rechtwinkligen Dreieck sind die Kathetenquadrate zusammen flächengleich zum Hypotenusenquadrat). Das war allerdings ein höherer Anspruch: den Satz nicht bloß anwenden, sondern auch beweisen zu können!

Wir hatten eine ganze Anzahl alter und veralteter Lehrer. Ganz besonders schlimm lag dies bei dem Geometrielehrer. Dieser war ein alter Pedant, der mit den schlimmen Burschen, die wir zum Teil waren, nicht fertig wurde. [...] Dabei war ich nicht unbegabt, wenn ich auch leichter in den Sprachen und der Physik vorwärts kam. Letztere besonders war für mich von Bedeutung. Allerdings wurde sie rein experimentell betrieben von dem alten Rektor Nagel. (Bosch 1921, S. 5) Die experimentell betriebene Physik war für ihn also von besonderer Bedeutung! Dem Biographen Heuss passte dies offenbar nicht so recht ins Konzept, der den Biographierten lieber nach seinem Selbstbild – liberaler Politiker – stilisierte. Man muss schon genau hinhören, um aus den stark zur Untertreibung tendierenden Selbstzeugnissen Boschs die wichtigen Aussagen herauszufinden.

Wie solche Physik aussah, kann man besser noch als Nagels Werk dem Lehrbüchlein des Wieners Josef Pisko für den Unterricht an Realschulen entnehmen, das Bosch gekannt haben dürfte, denn er nahm ein anderes Büchlein Piskos, betitelt «Licht und Farbe», später mit auf die Wanderschaft. In eindringlicher Prosa und schnörkellosen Illustrationen werden da all die neuen Phänomene, besonders der unsichtbaren Elektrizität, beschrieben, so wie sie auch Rektor Nagel experimentell demonstriert haben dürfte – sachlich, einleuchtend, reproduzierbar und dennoch aufregend mit Lichtbogen, Blitz und Knall! Mathematik brauchte

Bosch dazu keine, es reichten Versuch und Irrtum, und wenn dasselbe Experiment beim nächsten Mal wiederholt wurde, stellten
sich auch zuverlässig – wie das Amen in der Kirche – dieselben
Phänomene wieder ein, was man von den Reaktionen der lau-
nischen Erwachsenen nicht behaupten konnte. Im Gegensatz zu
anderen Fächern, Biologie vielleicht ausgenommen, wurde hier
mit konkreten Dingen hantiert und für Schlussfolgerungen um
Einsicht geworben. Und der Schulleiter persönlich machte das! Es
ist sicher Nagel zu verdanken, dass Robert Bosch für die zweite,
die naturwissenschaftlich-technische Kultur gewonnen wurde,
wie übrigens im fernen Nürnberg auch Sigmund Schuckert, von
dem noch die Rede sein wird, durch den Lehrer Johann Friedrich
Bauer. Ansonsten wäre Bosch nach eigener Aussage wahrscheinlich Biologielehrer geworden, wenn ihn der Schulbetrieb nicht
abgestoßen hätte.

Obendrein gab es nun nach dem gewonnenen Deutsch-Fran-
zösischen Krieg 1870/71 mit anschließender Gründung des Deutschen Reichs eine enorme Aufbruchstimmung. Die Gründerzeit
brach an, ausgelöst durch die öffentlichen Bauvorhaben, die mit
den happigen Reparationszahlungen des Kriegverlierers Frankreich finanziert wurden. Und so öffnete 1871 die «Schwäbische Industrie Ausstellung» in Ulm ihre Pforten, angestoßen vom Ulmer
Gewerbeverein, der auch Firmen aus Bayern, Hohenzollern und
Baden sowie die Gewerbeschulen eingeladen hatte. Es ist keine
Frage, dass die Bosch-Familie diese Ausstellung besucht hat. Denn
Servatius Bosch hatte sogar von Albeck aus 1867 die Pariser Weltausstellung besucht, wo sich die neuesten Gaskraftmaschinen
Etienne Lenoirs mit Batteriezündung präsentiert hatten und wo
auch Eugen Langens und Nikolaus August Ottos lärmiger atmo-
sphärischer Motor mit Flammenzündung wegen seines geringen
Gasdursts prämiert worden war. Erste elektrische Bogenlampen
hatten die Ausstellung abends in ein geisterbleiches Licht gehüllt.
Und auf den Pariser Boulevards waren die schmiedeeisernen Front-
kurbel-Velozipede zu sehen gewesen – der zweite Boom des pferdelosen Individualverkehrs im Ansturm gegen den Kollektivver-
kehr der damaligen Dampfeisenbahn. Daran erinnerte sich später
auch der Automobilpionier Karl Benz: «War das eine Sensation,
als ich durch Mannheims Straßen pedalierte.» Mit 140 000 Besu-

Der zehnjährige Realschüler Robert Bosch sah diese Ausstellung in Ulm. Holzstich in der «Allgemeinen Familien-Zeitung», Nr. 44, 1871

chern wurde die Ausstellung in Ulm ein Riesenerfolg; Bosch dürfte besonders deren zweite Abteilung inspiziert haben: Maschinen aller Art, Uhren, mathematische und physikalische Apparate.

Laut Ausstellungskatalog zeigte Stand No. 544 mathematische, physikalische und meteorologische Instrumente des Ulmer Mechanikus und Optikus Wilhelm Mayer. Und ob man dies noch einen Zufall nennen will? Dieser Mayer unterschied sich nur durch einen Druckfehler von jenem Maier, zu dem der junge Robert in fünf Jahren dann in die Lehre gehen sollte.

Bald änderte sich denn auch der in Boschs Zeugnissen notierte Berufswunsch von Kaufmann (ganz wie der große Bruder) unter dem Einfluss von Nagels Physikdarbietungen zu «Klein-Mechaniker» (dem heutigen Feinmechaniker). Ansonsten brillierte der Realschüler in der Turnstunde, wo er der Klassenkönig im Speerwerfen war, ebenso im Blasrohrschießen mit der Lehmkugel. Dem Vater hatte er eine Zimmerflinte abgetrotzt. Prompt beschädigte der laute Knall beim Abfeuern sein linkes Trommelfell. Ein Tinnitus bleibt – das linke Ohr singt. Aber auch das hatte später noch sein Gutes: In den USA konnte er sich durch eine ärztliche Bestätigung seines Tinnitus von den militärischen Reserveübungen zu Hause befreien.

Der geliebte Lehrer Nagel ging 1875 in den Ruhestand, sein Nachfolger trieb Physik mittels Mathematik, und Bosch musste deshalb 1876 in der siebten Klasse das Handtuch werfen. An die Polytechnische Schule in Stuttgart war nicht mehr zu denken. Die

Berufsentscheidung stand an. Bosch wiegelte in eigener Sache wieder einmal ab: *Als ich so nachgerade mich für einen Beruf entscheiden sollte, fragte mich mein Vater einmal, ob ich nicht Feinmechaniker werden wollte, und ich sagte ja.* Den Widerspruch, dass eigentlich erst der ungeplante Schulabgang eine Entscheidung erforderte, Bosch aber schon früher diesen Berufswunsch in den Zeugnissen angegeben hatte, löste auch Biograph Heuss nicht auf. Bei ihm mutet diese Entscheidung für Feinmechanik eher wie eine Verlegenheitslösung an. Aber die Feinmechanik war doch genau dasjenige Berufsfeld, dem die Experimentiergeräte der Physik, aber auch die Telegraphen und somit die ganze kommende Elektrotechnik bis auf die Dynamomaschinen und Großmotoren entsprangen! Feinmechanik passte geradezu ideal zu Boschs Physik-Interesse.

Der einzige einschlägige Betrieb in Ulm war Wilhelm Maier, «Mechanicus & Opticus», in der Pfauengasse. Hier war Robert Boschs erste Lehrstelle. Maier verkaufte nicht nur Brillen und Zwicker von Rodenstock nebst Physikinstrumenten, sondern bot auch die Einrichtung von batteriebetriebenen elektrischen Hotel-, Haus- und Sicherheitstelegraphen an. Solche Haustelegraphen waren nichts anderes als Klingelleitungen mit Druckknopf an dem einen und Klingel am anderen Ende, manchmal auch dasselbe in Gegenrichtung, sodass man sich mit Klingelzeichen rufen oder verständigen konnte. Bei den Hoteltelegraphen klappte zusätzlich noch im Empfang die Zimmernummer des Klingelnden herab. Bei Sicherheitstelegraphen löste zum Beispiel ein Stolperdraht die Klingel aus. Oder beim Öffnen der Ladentür läutete es hinter dem Verkaufsraum, und der Inhaber eilte nach vorn. Die am 1. Oktober 1876 begonnene Lehre war für den wissbegierigen Bosch eine Enttäuschung. Der Lehrherr benutzte die Lehrlinge hauptsächlich als billige Arbeitskräfte, war selten da und konnte ihnen nicht viel beibringen, weil er selbst nur wenig von der Elektrizität verstand, denn bei neuartigen Aufträgen ließ er sich die Schaltung von einem Freund in Stuttgart aufzeichnen. Bosch dagegen konnte ein Problem durch eigenes Nachdenken lösen: *Einmal hatten wir einen Telegraphen in einem Gemischtwarengeschäft eingerichtet. Mit diesem war eine Diebessicherung an einem Fenster eines abgelegenen Magazins verknüpft. Nach verhältnismäßig kurzer Zeit ging dieser Diebsalarm nicht mehr. Mein Lehrmeister vermutete einen*

Bruch der Leitung, etwa durch Durchfressen an feuchten Stellen, und wollte eine neue Leitung legen. Ich war keck genug zu sagen, man könne doch auch untersuchen, wie weit die Leitung noch gut sei. Mein Rat, mit Hilfe von zwei Stecknadeln, die an einem kurzen Stück Draht befestigt seien, die zwei Drähte anzustechen, fand überall Beifall, und in aller Bälde war festgestellt, daß ein Draht unter einem Krampen angerostet war. Wenn ich auch keinen besonderen Dank erhielt, es freute mich doch, daß ich geholfen hatte. (Bosch 1921, S. 5)

Nicht nur die Beobachtungsgabe, sondern auch die Fähigkeit, seine Beobachtungen zu verwerten, die Zusammenhänge zu erkennen und Schlüsse aus dem Beobachteten ziehen zu können, ist nötig, um Erfolg zu haben. Nebenbei gehört auch Phantasie her, um Gesehenes dort einreihen zu können, wo es hingehört.
Robert Bosch

Im Jahr 1879 hatte Bosch ausgelernt. Das Lehrzeugnis fällt knapp aus: «Inhaber dieses, Robert Bosch, hat vom 1. Oct. 1876 bis heute seine Lehrzeit bei mir bestanden und sich während dieser Zeit durch Fleiß & gutes Betragen meine Zufriedenheit erworben, was ich demselben gerne bezeuge und zu seinem fernern Fortkommen Glück wünsche.» Während der Lehrzeit hatte Bosch auch das Turnen im Verein begonnen, er wird ein begeisterter Turner bleiben. Zudem hatte er in dem Lehrling Leonhard Köpf, einer Vollwaise, den Freund gefunden, mit dem zusammen er fünf Jahre später die Reise nach Amerika wagen wird.

Dort hatte das noch junge Deutsche Reich mit seinem Pavillon auf der Weltausstellung in Philadelphia 1876 ein rechtes Debakel erlitten, wenn auch Richard Wagner den Einweihungsmarsch komponiert hatte. Vom deutschen Kommissar, Professor Franz Reuleaux, erschienen in der Tagespresse Briefe aus Philadelphia, und gleich im ersten schrieb er, die deutschen Produkte seien «billig und schlecht». Dies empörte die Reichsdeutschen zu Hause, aber eigentlich hatte er recht. Ein anderer Deutscher, der Berliner Hermann Grothe, beschrieb den deutschen Beitrag so: «Abgesehen von der unverantwortlichen Lückenhaftigkeit der Vorführung ist auch für eine schöne Anordnung der vorhandenen Objekte nichts getan. Mit Ausnahme der Buchhändlerausstellung, der Ausstellung chemischer Industrie, der Krupp'schen Kanonen, der Gasmaschinen, der Berg- und Hüttenprodukte präsentiert sich alles schlecht geordnet und schlecht arrangiert. Und alle diese Ausstellungen enthalten nichts Neues, ja sie enthalten meist Altes, Unschönes und längst Bekanntes in keineswegs vollendeter Ausführung. […] Die Schamröte steigt jedem Deutschen auf, wenn er diese deutsche Stümperei an einem Ehrenplatz in der Ausstellung erblickt.» (Grothe 1877) Denn die Deutschen waren damals die billigen Ameisen der westlichen Welt. Produktpiraterie war an der Tagesordnung. Zum Beispiel regten sich die Briten darüber auf, dass ihre hochwertigen Stahlmesser aus Sheffield mit schlechterem Stahl in Solingen imitiert und mit Sheffielder Markenzeichen versehen billig auf den britischen Markt geworfen wurden. Prompt verfügte ein Jahr später ein englisches Handelsgesetz, dass alle Importe aus Deutschland mit der Brandmarke «Made in Germany» als Schund gekennzeichnet werden mussten. Vor dieser Erkenntnis wollen viele Wirtschaftshistoriker ihre heutigen Leser bewahren, indem sie Reuleaux als gütigen «Praeceptor Germaniae» hinstellen, der seinen Landsleuten aus eigenen Stücken die Leviten las. Dabei war doch alles viel schlimmer: Die amerikanische Zeitung «The Sun» war es gewesen, die ungeniert schrieb, die deutschen Produkte seien «ugly and cheap», und Reuleaux war lediglich der Überbringer der schlechten Nachricht gewesen (Allmers 1937). Solch unhistorische Schonhaltung moderner Chronisten, als ob «Made in Germany» schon immer grandios gewesen sei, verwehrt die Erkenntnis, was wir Männern wie Robert Bosch an Lebensstandard zu verdanken haben.

Auf Wanderschaft zur Hochtechnologie

Nach Abschluss der Lehre ging es damals ganz traditionell auf Wanderschaft. Angesichts der heutigen Sesshaftigkeit von Auszubildenden wird erst richtig klar, welch ein Segen die Einrichtung der Wanderschaft für das Handwerk einmal bedeutete. Selbst wenn man wie Robert Bosch in der Lehre auf dem falschen Fuß begonnen hatte, konnten die unschätzbaren Erfahrungen der Wanderschaft dies allemal kompensieren. Auf dieser 1879 begonnenen Wanderschaft wird Bosch erstaunlicherweise fast nur erste Adressen der damaligen Hochtechnik aufsuchen, sicherlich beraten von seinem älteren Bruder Karl.

Ich wollte in die Fremde und fuhr mit einem Frühzug ab und kam am selben Tage noch nach Heidelberg. In Pforzheim und Karlsruhe hatte ich um Arbeit angefragt, aber keine gefunden. Wie ich später erfuhr, war es bei Mechanikern nicht Sitte, einfach vorzusprechen, sondern man schrieb an verschiedene Werkstätten um Stellung. Von Heidelberg fuhr ich andern Tags ohne weiteres nach Köln zu meinem Bruder Karl, der eine Handlung in Gas- und Wasserleitungssachen hatte. Dort arbeitete ich einige Zeit als Gürtler, weil ich auch in Köln und Bonn keine Stellung fand. Ich war daselbst einige Wochen. (Bosch 1921, S. 6)

Der achtzehn Jahre ältere Karl Bosch war in zweiter Ehe mit einer Hoteliersterochter verheiratet und hatte damals vier Söhne, als ältesten den fünfjährigen Carl, der es zum Chemie-Nobelpreisträger und Vorstand der IG Farben bringen wird. Karl Bosch war Stadtrat, Vorsitzender des Kaufmännischen Vereins und Mitbegründer der Handelshochschule in Köln. Sein Kompagnon Gustav Haag, ebenfalls Kaufmann, war mit Karoline Bosch verheiratet, also der Schwager. Bei der Großhandlung Bosch & Haag für Installateure gab es auch eine Werkstätte für die Montage des Installationsmaterials. Hier brauchte man Gürtler. Dieses Handwerk gibt es bis heute – ursprünglich als Gelbgießer, also Messinggießer, zuständig für Kleinteile, Gürtelschnallen und eben Armaturen zum Verbinden von Rohren. Bosch sah zu seinem arrivierten Bruder auf, wenn ihm dessen guten Ratschläge auch manchmal zu viel wurden. Die Beschäftigung als Gürtler war denn auch nur kurz, eben eine brüderliche Überbrückungshilfe für den Stellungssuchenden.

Von Köln aus kam ich zunächst, den Winter [1879/80] über, zu C. & E. Fein in Stuttgart, dann im Frühjahr nach Hanau am Main in eine Kettenfabrik, d. h. in eine Fabrik, die sogenannte Fuchsschwanzketten machte aus Gold, Silber und Tombak. (Bosch 1921, S. 6) Die wichtigen Punkte in Boschs Erinnerungen erkennt man daran, dass sie besonders kurz behandelt werden. War er doch bei der erstrangigen Elektrotechnik-Firma des Pioniers Emil Fein in der Residenzstadt des Königreichs Württemberg angekommen, der nach Werner von Siemens' zweitältesten des Deutschen Reichs! Selbst Thomas Alva

Edison forderte aus Amerika den illustrierten Fein-Katalog an. Der Lehrersohn Fein war nach Erfahrungen bei Siemens & Halske in Berlin und in der Werkstätte des Physikers Sir Charles Wheatstone in London zuerst in Karlsruhe sesshaft geworden. Dann entschied er sich für Stuttgart. Kaum war Graham Bells amerikanisches Telefonpatent bekannt geworden, hatte Emil Fein parallel zu Werner von Siemens die für drei Dezennien hierzulande definitive Form des Telefons mit den Hufeisenmagneten entwickelt und erfolgreich vermarktet. Die Hufeisenmagnete waren nicht nur in den Hörern, sondern auch in dem kleinen Generator zum Kurbeln, der die Klingel beim Anläuten in Bewegung setzte. Robert Bosch dürfte hier für sein Leben gelernt haben, dass die Hufeisen- oder U-Form die beste Anordnung ist, um aus einem Permanentmagneten die kräftigste Magnetwirkung herauszuholen. Das Betriebsklima hat Bosch allerdings nicht gefallen.

Der Ausflug in Hanaus Bijouteriegewerbe im Frühjahr 1880 führte ganz von der Elektrotechnik weg. Die Fuchsschwanzketten aus Gold, Silber oder Tombak der Bijouteriefabrik Friedrich Rödiger, die unter diesem Namen heute noch existiert, bildeten das Halbzeug für die vielerlei Orden der damaligen ordenssüchtigen Zeit. Immerhin lernte er den ersten Fertigungsautomaten seiner Laufbahn kennen: *Wir waren zwei Gehilfen unter einem Meister namens Scherf und bauten die Maschinen für die Kettenfabrikation.* (Bosch 1921, S. 6)

Robert Bosch wohnte in Hanau bei einem Amerika-Heimkehrer, dem Goldarbeiter Georg Zwicker. Dies war ein weiteres Mosaiksteinchen für den Entschluss, es selbst einmal in der Neuen Welt zu versuchen. Zudem wurde er in Hanau mit der Arbeiterbewegung vertraut. Denn hier hatten die Goldarbeiter schon mal den «strike», englisch für «Schlag», gegen ihre Brotherren gewagt, um bessere Arbeitsbedingungen durchzusetzen. Bis dies auch den Fabrikherrn Bosch treffen wird, ist das Wort bereits als Streik eingedeutscht. Vermutlich hat der Vermieter seinen Untermieter auch mit den Ideen des 1871 in New York gestorbenen Wilhelm Weitling vertraut gemacht, dort Herausgeber der «Republik der Arbeiter», die den Sozialismus des jungen Bosch prägten. Zeitlos bleibt ein Gedicht des jungen Weitling aus dem vormärzlichen Liederbuch «Volks-Klänge»:

Lob der Dummheit
Weil wir heut beim Glase Bier / doch so manches singen, / will ich, liebe
Dummheit, dir / auch ein Liedchen bringen. / In dem Dummen regen sich /
niemals bange Zweifel, / er glaubt alles, fürchtet sich / vor Gespenst und
Teufel. / Einigkeit im Völkerbund / kümmert ihn sehr wenig, / Volksherr-
schaft ist ihm zu rund; / Wo bleibt sonst sein König? / Wenn ein wütender
Tyrann /Stadt und Land verwüstet, / spricht der Dumme: «Großer Mann, /
dich hat Gott gerüstet.» / Wenn in Flitterstaat und Pracht / sich die Großen
blähen, / spricht der Dumme: «Gut, das macht /den Commerz doch gehen.» / Muß der Herren gnäd'ger Huld /Halb umsonst er dienen, / schiebet
er die ganze Schuld / nur auf die Maschinen. / Und wenn man zuweilen
fragt, / warum schlecht die Zeiten, / gleich der nächste Dummkopf sagt: /
«'s Geld fehlt untern Leuten.» / Drängt um schmale Kost und Lohn / hun-
gernd man zum Ziele, / spricht der lieben Dummheit Sohn: / «Unserer sind
zu viele.» / Wird er endlich matt und bleich, / stirbt er froh im Glauben /
an ein schönes Himmelreich / voll gebratner Tauben. / Wohl dem, der
für Dummheit glüht, / dem der Kopf vernagelt, / der den Himmel schief
ansieht, / wie die Gans, wenn's hagelt.

                                                            Wilhelm Weitling

Als ihn September 1880 die Nachricht von der Lungenentzündung
des Vaters erreichte, fuhr Bosch nach Ulm: *Mein Vater, der nie eine
Kirche besuchte und dessen Religion: «Sei Mensch und ehre Menschenwürde» war, starb trotz großer Schmerzen, ohne nach einem Priester zu
verlangen, ruhig und gefaßt.* (Bosch 1885) Robert Boschs Erbe belief
sich auf 10 000 Reichsmark – so viel hatten die Brüder bei ihrer
Heirat erhalten. Bruder Karl wird jetzt ernsthaft auf mehr kaufmännische Ausbildung gedrängt haben, denn Robert Bosch geht
zu diesem Zweck nochmals nach Köln zu Bosch & Haag.

*Im Herbst desselben Jahres [1880] trat ich dann als Einjähriger bei
dem Pionier-Bataillon Nr. 13 in Ulm ein. Obgleich ich eigentlich keine
Freude hatte am Soldat sein, machte mir die Arbeit doch manchen Spaß.
Körperlich gewandt und unternehmend bis zur Waghalsigkeit, über-
schätzte ich doch meine Kräfte nicht, sondern verstand, mich auch aus
manchmal gefährlichen Lagen herauszufinden. Es wurde mir nahegelegt, Offizier zu werden, aber vom Soldat sein allein wollte ich nichts
wissen. So ging ich denn auch im Herbst 1882 als Unteroffizier, d. h. Offi-
ziers-Aspirant, ab [...]. Nach beendigtem Militärdienst im Jahre 1882 besuchte ich mit meinem Bruder Karl die Städte Nürnberg und München.*
(Bosch 1921, S. 7)

Die Garnisonsstadt Ulm hatte ihn also wieder, und sein tur-
nerisches Talent fand endlich ein Betätigungsfeld. Erhalten ist aus

dieser Zeit auch eine farbig gezeichnete Landkarte, die durch ihre Akkuratesse besticht. Doch viel wichtiger, Robert Bosch findet unter den Freiwilligen zwei neue Freunde. Zum einen den Holzhändlersohn Eugen Kayser aus Obertürkheim, in dessen schmuckem Elternhaus der zwanzigjährige Robert die siebzehnjährige Schwester Anna kennenlernt – Liebe auf den ersten Blick. Zum anderen den Feinmechaniker Karl Friedrich Schall, Rechtsanwaltssohn aus Öhringen, der sich schon vor Bosch in Stuttgart selbstständig machen und ihm dann beim Zusammenschluss mit Reiniger & Gebbert in Erlangen den Stuttgarter Vertrieb elektromedizinischer Geräte überlassen wird.

Und was war 1882 der Anlass, mit Bruder Karl nach Nürnberg und München zu reisen? Wieder mal Ausstellungen, denn Karl kümmerte sich um die Zukunft seines jüngsten Bruders. Ziele waren die «Bayerische Industrie-, Gewerbe- und Kunstausstellung» in Nürnberg und die unmittelbar anschließende «Erste Internationale Elektrizitätsausstellung» im Münchner Glaspalast, letztere inspiriert von der bahnbrechenden «Elektrotechnischen Weltausstellung» 1881 in Paris.

Zwei Professoren der Königlichen Technischen Hochschule München nutzten die Gelegenheit zu vergleichenden Betriebstests der ausgestellten Dynamos. In dem mäkeligen Bericht eines der beiden bleibt zum Beispiel offen, ob die zwei von Schäffer in Göppingen ausgestellten Maschinen sich von ihrem Vorbild, den Weston-Maschinen, wesentlich unterschieden. Eine der Dynamos (sie waren damals noch weiblich) sei nach kurzer Zeit durch Funkenbildung am Stromsammler (Kollektor) unbrauchbar geworden, die andere habe bis zum Schluss der Ausstellung den Strom für vier Bogenlampen geliefert, welche ein helles, aber ziemlich unruhiges Licht gegeben hätten. Robert Bosch wird bald bei dem Schwaben Schäffer arbeiten, und später auch bei Buss, Sombart & Co. in Magdeburg, deren Patent-Tachometer die Professoren benutzten, um die Drehzahlen zu messen.

Zurück zu Boschs Erinnerungen an das Jahr 1882. Lapidar notiert er: *Ich fragte bei Schuckert um Arbeit an und wurde angenommen.* Der sechsunddreißigjährige Schuckert, 160 Zentimeter klein, stand damals auf dem Gipfel seiner Karriere. Seine Fabrik in der Schloßäckerstraße Nürnbergs beschäftigte 29 Beamte, also

Sigmund Schuckert (1846–95) mit seiner Braut, der Badenerin Sophie Giesin, um 1884 – Robert Boschs Vorbild

Angestellte, und 119 Arbeiter. Europaweit installierte er 6000 Bogenlampen jährlich mit den dazugehörigen Gleichstromdynamos. Die Bogenlampen hatten zwei Kohlenstifte, zwischen denen ein Lichtbogen brannte, wobei die Kohlen langsam abbrannten, bis der Lichtbogen erlosch. Also mussten für konstantes Leuchten die Kohlen aufeinander zubewegt werden.

Zu Schuckert drängte sich in jener Zeit alles. Er ließ die Leute viel verdienen, und es war daselbst ein mächtiger Betrieb. In dem Winter nach meinem Eintritt trat auch einer der Brüder Decker ein, die in Cannstatt eine Dampfmaschinenfabrik und allgemeinen Maschinenbau betrieben hatten. Ein mir befreundeter Maschinenbauer, Adolf Aldinger, hat mir später erzählt, wie in dem Geschäft der Gebrüder Decker mit Umsicht und Eifer und Erfolg gearbeitet worden sei, wie aber auch bei der raschen Entwicklung die Kapitalbildung nicht in dem Maße habe stattfinden können, wie sie nötig gewesen sei. Vielleicht war auch die kaufmännische Leitung nicht vorsichtig genug gewesen. Kurz, eines schönen Tages mußten die Gebrüder Decker, deren einer Kaufmann, einer Techniker war, ihre Firma aufgeben [...].

Einer dieser Brüder Decker [Ingenieur Ferdinand Decker] wurde nun von Schuckert geholt, um seinen Betrieb zu organisieren. Bei einem Feste, an dem die Fertigstellung der, ich glaube, 600. Dynamomaschine und wohl auch der 1000. Krizik-Piette-Lampe gefeiert wurde, hielt jener Decker eine Rede, in welcher er darlegte, daß bei einer Fabrik eine Leitung sein müsse, die wie bei einem Heere alles zu überlegen habe, um die Fabrik leistungsfähig und schlagfertig zu gestalten. (Robert Bosch 1921, S. 7)

Die im schwäbischen Dialekt gehaltene Rede Ferdinand Deckers muss auf Robert Bosch nachgerade wie eine Erweckungs-
predigt gewirkt haben. Leider ist sie nicht schriftlich erhalten.
Schlaglichtartig tat sich hier jedoch ein unverhoffter Anwen-
dungsbereich für Boschs positive Erfahrungen als Soldat auf, denen er bei seiner demokratischen und antipreußischen Einstellung eigentlich nicht so recht traute – die Leitung einer Fabrik!
Der Unternehmer wäre also die
zivile Variante des Offiziers! Dies
galt es anzustreben, es wäre dann
zugleich das Ende des als unfroh
erlebten Mechanikerlebens in
der Zwangsgemeinschaft am Arbeitsplatz.

Der Redeentwurf Schuckerts
für das von Bosch genannte Fest
im Industrie- und Kulturverein
am Samstagabend, dem 24. Feb-
ruar 1883, ist in dessen Merkheft
erhalten: «Unsere Göttin Elektrizität ist manchmal sehr sprö-
de, auch unser Hohepriester
U[ppenborn] muß ihr manchmal
wiederholt Weihrauch streuen,
und wir alle müssen stark im
Chor mithelfen, damit wir ihr ein
freundliches Gesicht abgewin-

Der Ingenieur und
gescheiterte Unter-
nehmer Ferdinand Decker
(1835–84), zweites
Vorbild für Robert Bosch

nen. Ob sie wohl alle so sind? – Ich meine die Göttinnen. Aber mit
Geduld überwindet man alles, und über das Gröbste sind wir auch
sozusagen hinweg.» Der Abend endete in einer furiosen Polonaise,
Schuckert vorneweg, über Tische und Bänke des Festsaals.

Es ist sicher keine Übertreibung, Schuckert als das große Vorbild Boschs anzusehen. Er hatte sich vom Handwerker hochge-
arbeitet, war in Amerika gewesen, schlief wie Edison notfalls in
der Versuchswerkstatt, legte großen Wert auf effiziente Organisation und führte soziale Neuerungen ein, wie die kurz vor Boschs
Weggang gegründete Fabrikkrankenkasse, der alle Mitarbeiter
angehören mussten. Auch zahlte er großzügige Weihnachtsgra-

tifikationen, damals für jeden Mitarbeiter einheitlich 300 Mark. 1889 führte er den Zehnstundentag ein und gründete eine Pensionskasse. Nach Einführung des reichsweiten Patentschutzes meinte er: «Das beste Patent ist eine gute Arbeit», patentierte aber doch emsig alle seine Neuerungen. Robert Bosch wird später ähnlich argumentieren. Der Verband der Volkswirte hatte damals wenig fein bis zuletzt gegen den Patentschutz opponiert, weil die Erfinder mit ihren Forderungen die Ausbeutung der Erfindungen – durch die Herren Volkswirte natürlich – behindern würden! Zu diesem wenig sympathischen Eindruck kommt die Beobachtung, dass damals überwiegend Männer der technischen Intelligenz, die als Unternehmer Erfolg hatten, die spektakulären sozialen Neuerungen einführten und kaum solche aus der Kaufmannschaft. Der Physiker Ernst Abbé, der bei Zeiss in Jena sechs Jahre vor Bosch den Achtstundentag einführen wird, ist ein weiteres Beispiel. Schuckerts früher Tod im Jahr 1895 war wohl die Ursache, dass seine Nürnberger Fabrik 1903 mit Siemens-Halske fusionierte und sein Name heute dem Kollektivgedächtnis entschwunden ist. Seine Akte im Firmenarchiv trägt nicht umsonst die besorgte Notiz in Sütterlin-Schrift: «bedeckt unseren Siemens zu sehr!» Schuckert war offenbar viel innovativer und charismatischer gewesen als Werner von Siemens, der jedoch länger lebte.

> Es wird wohl von keiner Seite bestritten werden, daß ein Führertum überall und zu allen Zeiten nötig sein wird, und schon die Tatsache, daß die Menschen von Geburt aus nicht gleich sind, läßt den Gedanken absonderlich erscheinen, daß jemals eine Zeit kommen werde, die ohne führende Persönlichkeit auskommen wird.
>
> Robert Bosch 1920

Ferdinand Deckers Organisation des Schuckert'schen Betriebs machte Nägel mit Köpfen. *In den Kreisen der Arbeiter, die zu jener Zeit noch wenig an Ordnung gewöhnt waren, war man wenig davon erbaut, daß eine Krankenkasse geschaffen, daß der Aus- und Eingang in den Fabrikhof scharf überwacht und eine Arbeitszeitkontrolle durchgeführt wurde. Auch ich selbst fand mich zwar wohl oder übel in die Ordnung, war aber wenig erfreut darüber. Es war unter den Mechanikern ein recht leichtes Leben üblich. Meist war am Montagmorgen von dem am Samstag erhaltenen Lohn, der für jene Zeit ungewöhnlich hoch war, nichts mehr übrig. Anstatt am Montag zu arbeiten, machten aber viele zunächst blauen Montag, und ich erinnere mich eines Mannes, aus Hessen stammend, der so gut wie immer erst am Mittwoch anfing zu arbeiten, aber dann immer noch mehr fertigbrachte als andere. Die Arbeit, die ich bei Schuckert vorzugsweise machte, waren Volt- und Ampère-Meter nach Uppenbornschem System. Uppenborn, ein Hannoveraner, war Chefelektriker, wie man sich später ausdrückte.* (Bosch 1921, S. 7)

Damals im Winter 1882/83 hielt der dreiundzwanzigjährige Friedrich Uppenborn jeden Mittwochabend und Sonntagvormittag zweistündige elektrotechnische Vorträge für die Maschinen-, Bogenlampen- und Messinstrumenten-Monteure, unter ihnen Robert Bosch, an denen sich auch Werkmeister und Ingenieure beteiligten. Auch Schuckert wohnte häufig diesen Vorträgen bei. Am Schluss jeder Vorlesung wurden Übungsaufgaben gestellt, deren Lösungen am nächsten Vortragsabend abgeliefert und nach gemeinsamer Prüfung durch Schuckert und Uppenborn prämiert wurden. Um den Anfängern Mut zu machen, sagte Schuckert bei den Prüfungen: «Uppenborn, Sie müssen leichtere Aufgaben stellen, sonst werd' ich meine Preise für die besten Lösungen nicht los.» Schuckert verteilte persönlich die Preise, die je nach Bewertung aus zehn, acht, sechs, vier oder zwei Zigarren bestanden (Trostpreis: eine Zigarre). Hier muss bei Bosch der Wunsch entstanden sein, die Elektrotechnik mit ihren neuen Maßeinheiten intensiver zu studieren, was er dann auf dem Königlichen Polytechnikum Stuttgart tat. Und hier wurzelte auch sein lebenslanges Engagement für die betriebliche Weiterbildung der Mitarbeiter.

Lange litt es mich auch bei Schuckert nicht, und schon im Sommer 1883 war ich in Göppingen bei einem Mann namens Schäffer, der neben Magnetscheidapparaten für Getreide auch Brush-Dynamos und Brush-Bogenlampen baute. Ich kam an die Bogenlampen. (Bosch 1921, S. 7)

Gottlob Schäffer, den Mechaniker in Göppingen, dürfte Bosch auf der Münchner Elektrizitätsausstellung kennengelernt haben, wo dieser ja mit einer eigenen Dynamo à la Weston vertreten war. Schäffer zählt wie Ferdinand Decker zu den unbesungenen Heroen des industriellen Aufbruchs in Württemberg, die es offenbar nicht in die Gewinnzone schafften. Seine Firma verschwindet 1888 aus den Gewerbesteuerkatastern. Möglicherweise war hieran ein Schwindel mit den Aktien der Brush Company schuld, die ihr Hauptgeschäft durch Lizenzverkäufe machte.

Polytechnikum mit Woll-Ideologie

Mit seinen Fortbildungs-Zigarren ist es Schuckert offensichtlich gelungen, in Bosch den Wunsch nach mehr Wissen über die Elektrizität zu wecken – nicht sofort, aber nach dem Intermezzo beim Landsmann Schäffer umso nachhaltiger. Der ständige Vergleich mit dem bereits studierenden Freund Eugen Kayser wird das Seinige dazu beigetragen haben, dass Bosch 1883 einen Schnupperkurs an der Polytechnischen Schule belegte, die zwar schon den Rang, aber noch nicht den Namen einer Königlichen Technischen Hochschule besaß. Die Gelegenheit war günstig, denn seit April 1882 gab es hier die erste Vorlesung für Elektrotechnik an einer deutschen Hochschule, bestehend aus drei Wochenstunden Vorlesung und zwei Wochenstunden Übungen. Aber auch das Studentenleben sollte ausprobiert werden. Bosch trat der Ingenieursverbindung «Die Hütte» bei, aus der sich später manche Führungskraft rekrutieren ließ. Und wie das Leben so spielt: Der Gaststudent geriet in den Bann der Lebensreform-Ideologie des Zoologen Gustav Jäger, die just an jener Hochschule entstand und wovon heute noch zwei Ladengeschäfte der Jaeger Company in London und Tokio zeugen.

Bald verließ ich auch Göppingen und bezog als außerordentlicher Studierender die Technische Hochschule in Stuttgart für ein halbes Jahr. Ich hatte für ein solches Studium zwar nicht die nötigen Vorkenntnisse und ich hatte auch nicht die nötige Tatkraft, um meine mangelhaften Kenntnisse in Mathematik nun endlich wenigstens in den Grenzen des Möglichen zu vervollkommnen. Was ich in der Schule in Stuttgart lernte, das war die Furcht vor technischen Ausdrücken zu verlieren. Ich wußte nachher, was Spannung und Stromstärke, was eine Pferdekraft war. Soviel hatte ich aber doch andrerseits auch herausgebracht, daß ich noch mehr Leidensgenossen in dem Studium der Elektrotechnik hatte, die an sich auch nicht viel mehr Kenntnisse hatten, denen es aber auch noch an der Fähigkeit fehlte, die Gedanken zusammenzuhalten, zu beobachten und Schlüsse zu ziehen. Der damalige Lehrer in Elektrotechnik hatte von mir nach meinen Beobachtungen keine schlechte Meinung, obgleich der Gewinn an wissenschaftlicher Erkenntnis während dieses halben Jahres selbstverständlich gering war. (Bosch 1921, S. 7/8) Professor

Wilhelm Dietrich, um den es sich hier handelte, hatte Maschinenbau in Stuttgart studiert und dann in Tübingen im Fach Physik
promoviert, anschließend verlockende Angebote von Werner von
Siemens erhalten, sich aber doch für die Professur entschieden.

Doch noch eine weitere Lehre zog Bosch am Polytechnikum
in ihren Bann: das so genannte Woll-Regime von Professor Dr.
Gustav Jäger. Der württembergische Kleider- und Lebensrefor-
mer hielt damals eine hochpopuläre Vorlesung, weil er Bier- und
Weinproben verteilte, die er allerdings «humanisiert» hatte, das
heißt in homöopathischen Dosen mit Haarextrakten eines eu-
ropäischen Schnelllaufmeisters, einer hervorragenden Sängerin
und anderer Probanden versetzt hatte. Die Hörer wurden zur Beurteilung aufgefordert, und Jäger ließ sich das Verfahren dieser
Getränkeverbesserung durch Haarduft patentieren. Dem Vorwurf
der Unappetitlichkeit begegnete er mit dem Argument, dass niemand den Bodensee unappetitlich finde, wenn ein Haar hinein-
gefallen sei (dies sei in etwa der Verdünnungsgrad seiner Proben).
Einen weltweiten Trend hatte er schon mit seiner Reinwolle-Leh-
re ausgelöst. Sie wurde vor allem von der radfahrenden Avant-
garde aufgegriffen, welche in den letzten beiden Jahrzehnten des
19. Jahrhunderts in die Öffentlichkeit drängte und wollene Tri-
kots bevorzugte.

Erfolgsmeldungen an Jäger waren
nicht ausgeblieben: Ein Ingenieur und
ein Architekt versicherten übereinstim-
mend, seit sie Kleidung aus Wolle trü-
gen, gehe ihnen das Zeichnen sicherer
und leichter von der Hand, sie bräuch-
ten nicht so oft zu korrigieren. Eine
Klavierlehrerin berichtete, sie greife
jetzt viel seltener daneben und getraue
sich viel leichter an schwerere Stücke
mit vielen Kreuzen oder b. Ein Geist-
licher rühmte die weit höhere Geläufig-
keit und Sicherheit beim Predigen. Ein
Lehrer äußerte, es entgehe ihm jetzt viel
seltener irgendeine Unart seiner Schüler, und er ärgere sich weit seltener.

Die Kleidung sein soll
Sammt Bett ganz aus Woll'
Durchs Fenster laß ziehn
Deine Nachtdüft' dahin!
Meid' Staub und Gestänk,
Schlecht' Speis' und Getränk'!
Iß, arbeit, sorg, spiel,
Doch nie überviel!
Lauf oft dich in Schweiß,
Ob's kalt oder heiß,
Im stärkenden Duft
Von würziger Luft,
Und Abwechslung pfleg
In Allem allweg.
Der Leib dann gesund,
Wie Roß ist und Hund,
Der Geist frei und frisch,
Wie Vogel und Fisch
Und deine Seel' froh,
Komm's so oder so.

Gustav Jäger 1881

Es fällt schwer, hier keine Satire zu schreiben, doch ein kurzer Blick auf heutige Naturläden oder Jogger belehrt uns, dass die Jäger'schen Ideen keineswegs ausgestorben sind, die damals in Form der so genannten Normalkleidung, Normalbetten und Normalhüte europaweit vermarktet wurden. Noch bis nach dem Zweiten Weltkrieg gab es aus Stuttgart den Bleyle-Strickanzug für Knaben, der zur Reparatur ins Bleyle-Werk eingeschickt werden musste. Anhänger der Woll-Bewegung waren Progressive aller Schichten, darunter George Bernard Shaw. Selbst der württembergische König Wilhelm II. trug auf Anraten seines «wollenen» Leibarztes wollene Unterwäsche. Der Pastorensohn und Guru Gustav Jäger entdeckte schließlich auch die Seele als riechbaren Stoff und materialisierte dann noch Lust, Unlust, Angst oder Krankheiten als Düfte, weshalb stets bei offenem Fenster zu schlafen sei. Dass Bosch später beim Fabrikbau so großen Wert auf die Lüftung legen wird, hat hier seinen Ursprung. Er sah sich mit dem schon von zu Hause gewohnten Mix aus Wolle und Homöopathie unversehens im avantgardistischen Trend der Zeit und wurde so – Nonkonformist wie viele Nachkömmlinge, denen alles Konventionelle der Erwachsenen ein Gräuel ist – ein konsequenter Anhänger der Jäger'schen Woll-Idee. Laut Tochter Margarete trug er auch wollene Unterwäsche und benutzte wollene Taschentücher. Noch bis zum Ersten Weltkrieg zeigen Fotos von Bosch den charakteristischen Schnitt der Normalkleidung Jägers, der übrigens für die Uniform der kaiserlichen Kriegsmarine übernommen wurde.

Vor den Toren Stuttgarts lag der heute eingemeindete Kurort Cannstatt mit den europaweit ergiebigsten Mineralwasserquellen – nach Budapest. Hier kaufte sich 1882 der Technische Direktor der Gasmotorenfabrik Deutz bei Köln ein Haus in der Nähe des Kursaals. Es war der herzkranke Gottlieb Daimler, der seinen Mann fürs Konstruktive, Wilhelm Maybach, gleich mitbrachte. Das ungleiche Paar hatte Deutz verlassen, Daimler infolge Querelen mit der Leitung, Maybach, weil er kein Bleibeangebot erhalten hatte. Daimler verdiente dort zuletzt 100 000 Mark im Jahr, Maybach 3000, also ein Dreißigstel davon (Rauck 1979). Die beiden hatten bei Deutz die Gasmotorenfertigung in Schwung gebracht und die Firma groß gemacht.

Aber wer brauchte eigentlich Gasmotoren, wo es doch die Dampfmaschinen gab? Der Ingenieur Robert Musil, damals noch nicht Romancier, schrieb dazu, «daß jede Maschine in großen Verhältnissen günstiger arbeitet als in kleinen, bei keiner herrscht jedoch diesbezüglich ein solches Mißverhältnis wie bei der Dampfmaschine. Das Verlangen nach einem Kleingewerbemotor äußerte sich demgemäß in dem Streben nach Loslösung von der Dampfmaschine.» (Musil 1904, S. 145)

Während der Mittagspause wurde vielfach durchgeheizt, ohne dass die Dampfmaschine nutzbringend arbeitete. Eine wirtschaftlich arbeitende Kleindampfmaschine konnte es unter solchen Umständen nicht geben.

Ganz anders die Gasmotoren, die nur Energie verbrauchten, wenn sie auch wirklich Arbeit leisteten. Es gab bei ihnen keine lange Vorheizzeit. Zudem ließen sie sich kostengünstig verkleinern bis herab zu einer Viertel-Pferdestärke. Seit es Gaswerke in den größeren Städten gab, kam der Treibstoff nicht mehr in Behältern, sondern bequem aus der Gasleitung. Zudem gab es keine Vorschriften für die Aufstellung eines Gasmotors. Also waren solche Kleinmotoren willkommen für Wasserpumpen zur autarken Wasserversorgung, für Luftpumpen der Rohrpost, für Buchdruckereien, Brauereien und kleine mechanische Werkstätten. Und solange es keine Elektrizitätswerke gab, konnte man etwa eine attraktive elektrische Schaufensterbeleuchtung installieren, indem man im Keller einen Gasmotor die Dynamo antreiben ließ. Ein Gasleitungsnetz gab es bereits in vielen Städten, aber noch kein elektrisches.

Die frühen einzylindrigen Gasmotoren sahen nicht viel anders aus als die Dampfmaschinen – eben schwere Gussstücke und ein Schwungrad, aufgebaut auf einem gemauerten Sockel. Aber bei ihnen musste nach Anlangen des Kolbens im oberen Totpunkt das Gas-Luft-Gemisch irgendwie zur Explosion gebracht werden. Etienne Lenoir und andere hatten hierzu schon die Elektrizität benutzt, doch war die Abhängigkeit von Batterien, die sich schnell entluden, keine Lösung für die Praxis. Die Alternative in Deutz war die Flammenzündung. Ganz wie bei heutigen Gas-Thermen im Haushalt brannte am Gasmotor permanent ein kleines Flämmchen, das über ein raffiniertes Schiebersystem beim oberen Totpunkt mit dem Explosionsgemisch in Kontakt gebracht wurde. Wegen der Trägheit der Schiebermechanik eignete sich die Flammenzündung aber nicht für höhere Drehzahlen, und außerdem war so der Gasmotor in explosionsgefährdeter Umgebung natürlich nicht benutzbar.

Aber warum unbedingt höhere Drehzahlen? Hat man sich auf ein bestimmtes Gasgemisch festgelegt, ist der Explosionsdruck eine feste Größe, und die Kraft kann nicht erhöht werden, folglich auch nicht das Drehmoment an der Kurbelwelle – es sei denn durch immer

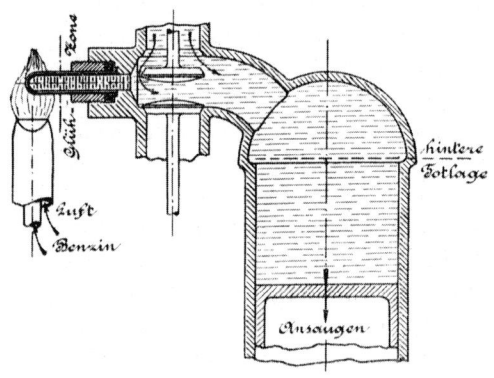

Die offene Flamme (links) unter Gottlieb Daimlers Glührohr. Nach: Dinglers Polytechnisches Journal, Bd. 315, 1900, S. 81

größere Zylinderquerschnitte. Nun ist die Motorleistung gleich Drehmoment mal Drehzahl. Will man also mehr Leistung aus kleinen Motoren herausholen, bleibt als probates Mittel nur die Erhöhung der Drehzahl, was allerdings bedeutet, dass die Folge der Explosionen schneller werden muss. Die Mechanik der Schiebersteuerung kommt da nicht mehr mit. Und genau dies war das Projekt des Ingenieurbüros Daimler in Cannstatt: ein kleiner, aber dennoch leistungsfähiger Motor, der sich in mobiles Gerät aller Art einbauen ließ.

Also beauftragte Daimler seinen Maybach, nach etwas Eleganterem zu suchen, und Maybach fand tatsächlich in der Patentliteratur eine Idee, die sich ausbauen ließ: die Glührohrzündung von William Watson. Damit konnte versucht werden, den Gasmotor auf Touren zu bringen, denn die träge Schiebermechanik entfiel. Stattdessen ragte das nach außen verschlossene Glührohr in den Zylinder und konnte von außen mit dem Gasflämmchen zum Glühen gebracht werden, weshalb an dessen glühender Innenwand das komprimierte Gasgemisch zündete. Die Hoffnung, dass nach dem Start das Gasflämmchen abgeschaltet und das Glührohr nicht mehr zu glühen brauchte, weil der Motor als Selbstzünder laufe, erfüllte sich jedoch nicht. Dennoch war hier mit Daimlers Reichspatent 28002 die Lösung für schnelllaufende Motoren gefunden, die bald alle Gasmotoren übernahmen und auch noch in den ersten Daimler'schen Benzinautomobilen verwendet wurde (Rauck 1979).

Um den Gasmotor von seinem gemauerten Fundament zu befreien und mobil zu machen, war aber auch ein Wechsel zu anderen Treibstoffen als Leuchtgas angesagt. Zudem wollten Käufer fern von jeder Gasleitung jetzt auch solche Stationärmotoren haben. Also mussten hierfür flüssige Brennstoffe verdampft werden. Das Petroleum war von den Petroleumlampen her vertraut, aber deswegen noch lange nicht sicher. Außerdem verursachte der penetrante Gestank der Petroleummotoren Kopfschmerzen unter den Arbeitern. Das viel leichter verdampfbare Waschbenzin war jedoch ein Teufelszeug und wegen seiner Explosionsgefahr, etwa bei der Kleiderreinigung, gefürchtet. Denn das damalige Benzin war ein ausgesprochenes Leichtbenzin, wie es heute nur noch in Feuerzeugen vorkommt. Jenes Leichtbenzin und in der Nähe eine offene Flamme – dann knallte es sofort, oder es gab doch wenigstens einen Brand. Das heutige Benzin von der Tankstelle ist aus Sicherheitsgründen viel schwerflüchtiger und kann deswegen in Oldtimer-Motoren gar nicht verwendet werden. Doch Maybach konnte in Cannstatt alle Probleme mit seinem Benzinvergaser lösen, sodass Daimler nach vier Jahren dann den schnelllaufenden Benzinmotor patentieren lassen konnte – wie damals selbstverständlich auf seinen Namen.

Dass Daimler alle Erfindungen Maybachs für sich patentieren ließ, beleuchtet ein wenig bekanntes, niederträchtiges Defizit des kaiserlichen Patentrechts. Im Abwehrkampf der juristischen gegen die technische Intelligenz, die schier unaufhaltsam in den bisher den Juristen vorbehaltenen Staatsdienst drängte, wurden die Techniker um jegliches Urheberrecht geprellt (die unheilige Mitwirkung der Volkswirte wurde bereits erwähnt). Anders als in den USA, in denen der Erfinder einem Autor gleichgestellt ist, also automatisch Urheberschutz genießt, kennt das kaiserliche wie das heutige Patentamt nur Anmelder; ob diese auch die Urheber sind, ist dort einerlei. Diese Falle verbirgt sich hinter der schrecklich vereinfachenden Formulierung, das Amt gehe davon aus, dass der Anmelder sich mit dem wahren Erfinder abgefunden habe. Wenn nicht, gerät dies heute noch in der Regel zum zivilrechtlichen Problem des Erfinders, nicht etwa zur staatsanwaltlichen Verfolgung des etwaigen Ideendiebs. Damals meldeten jedenfalls die Unternehmer mit schnöder Selbstverständlichkeit die Patente der beschäftigten Ingenieure auf ihren eigenen Namen an. Die heutige deutsche Regelung für Arbeitnehmer-Erfindungen gilt dagegen als vorbildlich. Auch Robert Bosch sollte noch so seine Erfahrungen mit dem kaiserlichen Patentamt machen.

Ein Sozialist im Land der Freien

Ein Semester Elektrotechnik am Stuttgarter Polytechnikum genügte offenbar Robert Bosch – mehr brauchte er nicht. Die Fortsetzung, sicher mit noch mehr Theorie, hätte dem Praktiker nichts genützt. Wenn später Hochschulabgänger in seinem Betrieb anfingen, riet er ihnen gern ironisch: *Jetzt vergesset no älles, was'r en der Hochschul' glernt hent!* (Madelung 1996)

Wer ihm allerdings zum Sprung über den Großen Teich geraten hat, lässt sich nicht mehr feststellen. War es der große Bruder Karl? War es Professor Dietrich? Oder war es Mitlehrling Leonhard Köpf aus Ulm, mit dem zusammen er die Reise unternahm? Die beiden hatten sich nur allererste Adressen der amerikanischen Elektrotechnik vorgenommen. Mit dem Erbteil auf der Bank hat Bosch wahrscheinlich dessen Überfahrt vorfinanziert, auch später half er ihm wieder. *Im Frühjahr 1884 fuhr ich nach New York. Vorher hatte ich aber noch auf Anraten des genannten Lehrers, Professor Dr. Dietrich, in München Philipp Seubel aufgesucht. Seubel richtete für die amerikanische Edison-Gesellschaft das dortige Hoftheater ein. Seubel war sehr liebenswürdig. Er gab mir Empfehlungen an die Herren Luther Stieringer und Sigmund Bergmann in New York mit.* (Bosch 1921, S. 8)

Es war die deutsche Edisongesellschaft, nicht die amerikanische, die das Münchner Residenztheater elektrisch beleuchten durfte. Diesen Auftrag für Edison hatte todsicher der bayerische Honoratiorensohn Oskar von Miller eingefahren, der ja mit Emil Rathenau die Deutsche Edisongesellschaft gegründet hatte. Dass deren Ingenieur Seubel Empfehlungsschreiben an die Edison-Muttergesellschaft, nämlich an Edisons Beleuchtungsexperten Stieringer und an Edisons Kompagnon Bergmann richten konnte, legt nahe, dass er selbst schon mal drüben war.

Robert Bosch traf Anfang Juni 1884 in New York ein. *Stieringer war nicht in New York, dagegen erhielt ich bei Bergmann eine Stellung als Mechaniker mit wöchentlich 8 Dollar Gehalt. Bergmann selbst war Schatzmeister dem Namen nach und Betriebsleiter in der Firma,*

Leonhard Köpf und Bosch (rechts) vor der Überfahrt nach New York, 1884 in Rotterdam fotografiert

die elektrische Apparate aller Art baute. Es wurden Hughes-Schreiber und Telephone, Bogenlampen und Beleuchtungskörper, Grammophone und Fernthermometer, kurz alles gebaut, was eben verlangt wurde. Dort sah und sprach ich auch den Leutnant Sprague, dessen Patente im elektrischen Straßenbahnbetrieb sich Geltung verschafften. Ich sah dort auch ein- oder zweimal Thomas Alva Edison, und zwar bei einer Gelegenheit, die so bezeichnend für das American system ist, daß ich sie doch erzählen will. Eines Tages kam ein schlanker, großer Mann in einem blau und weiß gestreiften Kittel in die Werkstatt gestürzt. Er stürzte an einen Betriebsmotor und beschmutzte sich ausgiebig die Hände mit Öl, um gleich darauf einige Herrn zu begrüßen, von denen gesagt wurde, sie seien zu bearbeiten für die Übernahme von Anteilscheinen unserer Gesellschaft. Edison machte sich sonst bei uns mit Öl nie schmutzige Hände. Er hatte aber seine Versuchswerkstätten nicht in New York, sondern in Menlo Park (N.J.), wo er später einmal den jüngeren Rathenau und meinen Schwager Kayser empfing, um ihnen seine Erzscheidepatente anzudrehen. Als ich Kayser von jener Beobachtung erzählte, meinte er, jetzt sei ihm manches klar. (Bosch 1921, S. 8)

Der aus Thüringen ausgewanderte Mechaniker Sigmund Bergmann war in New York von Edison entdeckt worden und besaß zu Boschs Zeit bereits eine eigene Firma, S. Bergmann & Co.,

in der Wooster Street mit Edison als Teilhaber. Die dort gefertigten Hughes-Schreiber, die Senden und Empfangen in einem Gerät vereinten, waren schon richtige Telegraphen, die mit Schrifttypen vierzig Worte pro Minute auf einen Papierstreifen druckten – Triumph der Feinmechanik. Auf Bergmann geht ein Detail im

Thomas A. Edison (sitzend) 1911 mit Sigmund Bergmann, nun Berliner Unternehmer

Edison-Sockel zurück: Bis heute schrauben wir unsere Glühbirnen ein, statt sie in irgendwelche Bajonett- oder verriegelbare Lampenfassungen einzusetzen. Bergmann trennte sich später von Edison und gründete in Berlin für sein patentiertes Isolierrohr (mit den isolierten Drähten darin biegbar zum Verlegen auf oder unter Putz) eine eigene Firma, die schließlich an Siemens fiel. Edison selbst war vom reinen Erfinder, wie er in romantisierenden Filmen dargestellt wird, alsbald zum knallharten Unternehmer geworden, der auch keine Skrupel hatte, die Ideen seiner abhängig Beschäftigten stets auf seinen Namen anzumelden. Für die Elektrifizierung und Beleuchtung der amerikanischen Städte hatte Edison eine Produktionsstätte in New York, wo Bosch nach der Zeit bei Bergmann arbeitete. Diese Edison Machine Works in der Goerck Street bauten mit 800 Beschäftigten Großmaschinen, wie Dynamos. Der erwähnte Frank Sprague ging als «Vater der Elektrotraktion» in die Geschichte ein. Mit einer Sprague-Lizenz richtete die AEG 1891 die elektrische Straßenbahn in Halle / Saale ein.

Als ich bei Bergmann einige Zeit gearbeitet hatte, ging das Gerede, daß ein großer Auftrag in Hughes-Apparaten hereingekommen sei. Ich sagte dies meinem Lehrkameraden Leonhard Köpf und dieser erhielt auch eine Stellung bei uns um 2 Dollar den Tag. Mich selbst hatte es schon lange gewurmt, daß ich nur acht Dollar die Woche hatte, aber bei dem Obermeister hatte ich keinen Stein im Brett. Er mochte mich nicht leiden. Ich benützte deshalb eine Gelegenheit, um Bergmann selbst um eine Erhöhung anzugehen. Ich war nicht mehr das unbedingte Grünhorn, dem man mit dem niedersten Lohn noch genug bietet. Bergmann sagte mir dann auch, ich möchte dem Buchhalter sagen, daß ich 1 Dollar mehr haben sollte. Ich sagte dem George, Bergmann habe mich angewiesen, ihm zu sagen, daß ich 2 Dollar mehr haben sollte. Tags darauf kamen sie dann miteinander an. Bergmann sah meine Arbeit an, richtete einige Fragen an mich und sagte im Weggehen: Well, gibs ihm! Ich hatte mich also schon ganz gut eingestellt. Die Arbeit ging später zusammen, und ich war mit unter den ersten, die der Obermeister entließ, der mich ja auch nur auf Verlangen Bergmanns eingestellt hatte.

Es herrschte damals eine Krise, und ich war einige Zeit arbeitslos, bekam aber dann wieder Stellung in den Edison Machine Works. [...] In den Edison Machine Works war eine Einrichtung mit Schleifmaschinen zum Rundschleifen. Ich hatte aber keine Gelegenheit, diese Einrichtung

*zu besichtigen. Ich ahnte nicht, wie wichtig diese Art, Metalle zu bear-
beiten, für mich später einmal sein werde. Ich muß wohl sagen, daß ich
überhaupt den geschäftlichen Dingen nicht die Wichtigkeit beilegte, die
ihnen zukam. Ich lernte jedenfalls für meinen Beruf wenig über das hinaus, was ich eben als Mechaniker so mit erlernte. Mein Handwerk war
mein Broterwerb. Es war nicht eine Freude am Beruf und an der Arbeit,
die mich veranlaßte zu arbeiten.*

*Wenn ich zurückblicke, so habe ich das Gefühl, daß ich als Mechaniker
kaum mehr als Mittelmäßiges leistete.* Hier untertreibt Bosch. *Ich muß
aber schließlich in meinen Leistungen so sehr mittelmäßig nicht gewesen
sein, denn letzten Endes war ich überall wohl gelitten.* Und relativiert
selbst die Untertreibung. *Der schon erwähnte Lehrkamerad Köpf war
mir aber immer ein Vorbild gewesen als Mechaniker. Den Überblick über
das Ganze hatte ich allerdings wohl immer voraus. Köpf war ein außerordentlich geschickter, ordnungsliebender Mann von größtem Fleiße, der
an seinem Ort späterhin auch Erfolg hatte.* (Bosch 1921, S. 9)

Leonhard Köpf übernahm später das Ladengeschäft des ehemaligen Lehrherrn Maier in Ulm. Als seine Ulmer Installationsfir-
ma Köpf & Bantleon GmbH vor dem Ersten Weltkrieg in Schwierig-
keiten kam, kaufte Bosch sie kurzerhand auf, sodass Köpf wenigstens schuldenfrei sein Ladengeschäft weiterbetreiben konnte.

*Zu jener Zeit trat ich auch den Knights of Labour bei, einem weit
verbreiteten Arbeiterverband, der bei der Aufnahme maurerische Ge-
bräuche hatte und viel von Brüderlichkeit sprach. Einmal war bei einer
Sitzung davon die Rede, daß es keinen Zweck habe, wenn die Arbeitslosen sich anböten, um den Arbeitgebern zu ermöglichen, sie zu niederen
Löhnen einzustellen und die höher Bezahlten zu entlassen. Ich machte
den Vorschlag, jeder in Arbeit Stehende soll einen Teil seines Verdiens-
tes abgeben, um die Arbeitslosen nicht zu solchen Angeboten zu nötigen,
fand aber gar keine Unterstützung.* (Bosch 1921, S. 9)

Während seiner Lehre hatte der nun dreiundzwanzigjährige
Bosch das Arbeitsleben von unten kennengelernt und in seiner
Zeit in Hanau die Solidarität der abhängig Beschäftigten erlebt.
Zu den Knights of Labor stieß er wohl als Arbeitsloser nach deren
eindrucksvoller Parade im September 1884 in New York. Fünfzehn
Jahre zuvor war dies als Geheimbund «Edler und Heiliger Orden
der Ritter der Arbeit» von acht Schneidern gegründet worden. Die
idealistischen Ziele waren der Achtstunden-Arbeitstag, Abschaf-

fung der Kinderarbeit, gleicher Lohn für alle, Abschaffung der Privatbanken und Sicherheit am Arbeitsplatz nach der Devise: «Ein Verstoß gegen einen betrifft alle.» Mit dem Schritt an die Öffentlichkeit wollte man alle Arbeitenden zu einem Verband zusammenführen, um so die besten Erfolgsaussichten zu schaffen. Also konnte auch der Mittelstand, wie Betreiber kleiner Werkstätten oder kleiner Läden, Mitglied werden, ausgeschlossen waren nur Anwälte, Bankiers, Börsenmakler, Wettbüros und die Alkoholbranche. Erfolgreiche Aktionen ließen in den 1880ern den Achtstundentag zum zentralen Anliegen werden. Doch jetzt, in der Rückschau des sechzigjährigen Bosch, der in den Arbeitskämpfen um seine Firma die Grenzen der betrieblichen Solidarität erfahren hatte, wird der damalige Vorschlag des jungen Bosch nurmehr in resignativem Ton geschildert.

Das war nicht immer so. An die Braut in Obertürkheim – Bosch hatte sich mit Anna Kayser brieflich verlobt – schrieb er: *Siehst Du, ich bin Sozialist.* Und entwickelte sein damaliges Denkmodell, das womöglich schon sein Hanauer Vermieter Zwicker aus Amerika mitgebracht hatte, für die Mittelständler-Tochter zu Hause. *Nun will ich gleich mit ernsten Dingen anfangen und will nicht aufhören, ehe ich Dir wenigstens einigermaßen gesagt habe, was Du wissen mußt, um mich zu verstehen. […] Wenn ich jetzt nicht den Lehren, denen ich anhänge, gemäß leben kann, so mußt Du mir das nicht verübeln, denn unter jetzigen Umständen müßte ich auf Dich und damit auf mein ganzes Liebes- und Lebensglück verzichten. Und wenn es auch das Edelste und Beste eines Menschen ist, wenn er sein eigenes Wohlergehen vollständig hintenansetzt, um der Menschheit zu dienen, so bin ich eben doch viel zu sehr Mensch und Egoist, um das zu tun.*

Also, Du fragst mich um ein Mittel, Reichtum und Armut aufzuheben. Denke Dir, Alles, Grund und Boden, Feld und Wald, Geld und Gut, gehöre dem Staat, d. h. uns, den Staatsbürgern, verwaltet von wählbaren Beamten, die Du Dir aber nicht denken mußt, als hervorgegangen aus einer Beamtenfamilie und demnach begabt mit einer gehörigen Dosis Kastengeist, sondern als Leute, die heute noch in irgendeiner der im größten Stile eingerichteten Werkstätten Schuhe gemacht, oder weil es gerade Erntezeit und Feldarbeit im Überfluß da ist, als Feldarbeiter gearbeitet haben, sicherlich nicht zum Nachteile ihrer Gesundheit und sicherlich auch nicht mehr, als sie ganz gut aushalten konnten, denn wir haben alle

Maschinen, die Arbeit erleichtern, der Staat fragt ja nicht, rentiert sich die Anschaffung vom Kostenpreise aus, sondern er fragt nur, spare ich Arbeit mit der Maschine? Wir haben auch genug Arbeiter, denn Jeder muß arbeiten, wenn er essen will. Für ein bestimmtes Arbeitsquantum, etwa eine Stunde, erhältst Du eine Bescheinigung, gegen die Du in jedem Staatsmagazine ein Stück erhältst, das ebenfalls eine Stunde Arbeit repräsentiert; also wenn ich einen Hut mache, an dem 6 Stunden Arbeitszeit sind, so bekomme ich dafür ein Paar Hosen, die ebenfalls 6 Stunden Wert sind; jedoch mußt Du das nicht wörtlich nehmen, denn selbstverständlich mache ich in der großen Hutfabrik nicht einen Hut ganz fertig, sondern nur einen bestimmten Handgriff an vielen Hüten.

Es ist überhaupt schwer, sich ganz in die Sache hineinzudenken, auf einmal geht das gar nicht, da man immer wieder den Maßstab von jetzt daran legt. Auch kann Niemand jetzt sagen, wie sich das in den Details am besten machen wird, man kann nur einen Plan im Großen feststellen und das Andere sich entwickeln lassen.

Man hat beispielsweise bis jetzt statistisch ausgerechnet, daß man bis 2 – 3 Stunden Arbeit pro Tag und Kopf, d. h. Männer und Frauen, auskommen wird, bei noch größerer Vervollkommnung der Maschinen wird man noch weiter kommen.

Geld im eigentlichen jetzigen Sinne darf es nicht mehr geben und somit kein aufspeicherbares Kapital und demnach keine Bestechung, keinen Raub, Diebstahl usw. Kein Mensch wird einen Grund haben, einem Anderen schlechte Dienste zu leisten, denn das jetzige Mittel, um Macht zu gewinnen, ist Geld, ohne dieses kann Niemand Leute dingen, um Andere dienstbar zu machen, d. h. sie für sich arbeiten zu lassen.

Der Fähigste wird an die Spitze gestellt, unzweifelhaft der Fähigste, denn er allein bietet den Menschen Vorteile, denn er wird ein fähiger Beamter sein. Belohnen kann er Niemanden, denn er hat ja gar kein Mittel dazu. (Hier in Amerika wählen sie auch ihren Präsidenten, es kommt aber meist nicht immer der Beste durch, sondern in der Regel, wer am besten bezahlt).

Vergeht sich unser Beamter, so wird er sofort abgesetzt, er hat aber eigentlich gar keinen Grund, sich zu vergehen, denn bereichern kann er sich nicht, er kann nicht Gelder sammeln, von denen er nachher lebt; wird er heute abgesetzt, so muß er morgen wieder irgendwo anders arbeiten; aber wohlgemerkt, er war auch als Beamter Arbeiter, auch der Oberste, Leitende, ist ein solcher.

Jedermann hat zu arbeiten, solange er arbeitsfähig ist. Wird er heute krank, so erhält ihn der Staat. Nahrungssorgen und Hunger werden niemanden quälen, denn es wächst stets soviel, daß Alles vollauf hat, und da alles international ist, wird Europa Amerika, dieses Asien usw. aushelfen.

Daß es kein Unrecht ist von den Arbeitern, auf den sozialistischen Staat hinzuarbeiten, wirst Du mir zugeben, wenn Du bedenkst, daß unsere Mitmenschen doch jedenfalls die Maschine nicht nur für die Leute erfunden haben, die sie bezahlen können, und da jeden Tag weiter vorgeschritten wird und die Maschinen immer mehr leisten, infolge dessen immer mehr Menschen brotlos werden, so ist es gar nicht zu begreifen, wie man sich gegen den Gedanken sträuben kann, daß Alles gründlich geändert werden muß. Soll denn verhungern, wer kein Geld hat? Bosch zitiert darauf Heinrich Heine: «*Hast Du viel, so wirst Du bald noch viel mehr dazu bekommen, hast Du wenig, wird Dir bald auch das Wenige genommen. Hast Du aber gar nichts, ach so lasse Dich begraben, denn ein Recht zu leben, haben nur die, die etwas haben.*» (Bosch 1885)

Unser Heil kann nicht beim sozialistischen Staat und nicht beim Staatssozialismus liegen. Die freie Wirtschaft unter vernünftigen Sozialgesetzen von verantwortungsbewußten Leitern gemeistert, wird uns, wenn auch nicht ohne Irrungen, einem Zustande entgegenführen, der zu berechtigten Beanstandungen nicht allzuviel Möglichkeiten bieten wird. Dieses Vertrauen habe ich zum gesunden Menschenverstande!

Robert Bosch, 1930

Wenn ich Dir oben schrieb, jedermann hat jeden Tag zu arbeiten, wenn er essen will, so ist das wieder nicht ganz wörtlich zu nehmen, denn gesetzt den Fall, ich will eine Reise zu meinem Vergnügen machen, so werde ich einfach vorher solange länger arbeiten, bis ich denke, daß ich die nötige Anzahl Stunden-Schecks habe und mich dann mit meinem Geld wohlgemut auf den Weg mache. Sparen werde ich nie, denn werde ich morgen krank, dann ist ja der Staat da.

Bisher habe ich nur vom Materiellen gesprochen, wenn wir erst von den Idealen anfangen, so sind wir unbedingt im Vorteil. Denke Dir nur, ein Mensch [ist] soviel wie der andere, d. h. äußerlich, innerlich wird natürlich immer ein Unterschied sein. Kein Mensch kann sich hervortun, wenn er es nicht in einer Weise tut, die seinen Mitmenschen Vorteile bringt. Die geringen und gemeinen Leidenschaften werden sehr stark abnehmen. [...]

43

Doch nun ist es für heute davon genug, denn Du wirst Dich nicht so leicht in die Sache hineindenken können, ich habe sehr lange gebraucht, bis ich mir klar war. Nur noch eines, es gibt Dir vielleicht einige Vorliebe für den Socialismus. Hätten wir den socialen Staat, so könnte uns gar nichts auseinanderhalten, jetzt aber, wenn es mir mißglückt, doch – das darf nicht sein; denke Dir aber nur, es kann Jemanden so gehen und sind Zustände, in denen ganz gute Menschen ohne ihre Schuld unglücklich sind, nicht mit allen Mitteln zu verbessern? [...]

Der Socialismus ist etwas Großes, Edles und ihn vollständig und erschöpfend zu ergründen und zu erklären, dazu sind Bände nötig, die allerdings da sind, aber von unserer Regierung verboten sind und somit nicht leicht zugänglich. Kannst Du Dich nicht damit befreunden, so halte mit Deinem Urteil zurück, d. h. dann denke, daß ich Dich nicht gut berichtet habe, mündlich will ich Dir die Sache dann ganz klar legen. Sage auch Niemandem, Eugen natürlich ausgenommen, davon, denn Du könntest leicht in Gefahr kommen, mich gegen ungerechtfertigte Angriffe verteidigen zu müssen, und wenn man etwas nicht ganz kennt, ist es schwer zu verteidigen. (Bosch 1885)

Eine direkte Antwort von Anna Kayser ist nicht erhalten. Ihr Bruder Eugen Kayser, der in einer Diskussion mit Bosch immerhin das Wort vom sozialistischen Staat als einer Suppenanstalt gebraucht hatte, wurde aber von Bosch gebeten, Annas Mutter zu beruhigen, die von den Ansichten des Schwiegersohns in spe offenbar alarmiert war. Bosch wollte jetzt zurück, denn in Amerika schwelte eine Wirtschaftskrise, und seine Bekannten verloren reihenweise ihre Jobs. Im Mai 1885 verließ er New York und das «Land der Freien und Heim der Tüchtigen», wie es die amerikanische Nationalhymne preist, mit dem Dampfer. Sein Resümee – allerdings erst vier Dezennien später niedergeschrieben – ist ernüchternd: *Ich war nach Amerika gegangen zu einem Teil auch, weil den jungen Demokraten, der ich aus Erziehung und dem Vorbild meines Vaters und meiner älteren Brüder folgend war, dieses Land der Freiheit besonders lockte. Es gefiel mir Schwärmer aber nicht in dem Land, «in dem der Eckstein der Gerechtigkeit fehlte: die Gleichheit vor dem Gesetz». So schrieb ich an meinen Bruder Karl einmal.* (Bosch 1921, S. 9)

Was genau wollte Bosch in seinen Erinnerungen damit sagen? Der Schlüssel findet sich in einem Brief aus Magdeburg an die Verlobte Anna (Bosch 1886): *[...] ich dachte allerdings seinerzeit in New*

York einmal daran, wenn Du mich nicht liebst, mich der Sache [der Arbeiter] thätig hinzugeben. Wenn ich das allerdings gethan hätte, so wäre das für mich unter Umständen gefährlich gewesen – sogar lebensgefährlich! Biograph Heuss bot keine schlüssige Erklärung. Kannte er die entsetzliche Haymarket-Tragödie nicht, auf die Bosch wohl anspielt, oder wollte er die Auftragsbiographie nicht mit zu viel Arbeiterelend belasten? Im Jahr nach Boschs Rückreise spitzte sich 1886 der Kampf um den Achtstundentag in Chicago bedrohlich zu. Die Arbeiter in Chicagos Industrie und Gewerbe, etwa der Landmaschinenfabrik von McCormick oder der Pullman'schen Waggonfabrik, waren überwiegend deutsche Einwanderer, welche vorzugsweise die fabriknahe Nordwestseite Chicagos besiedelten. Die deutschen Einwanderer stellten die stärkste Minorität in Chicago, aber eben eine Minderheit, und die angelsächsische Mehrheit mit ihren Zeitungen ließ sie dies auch spüren. Große Teile der Nordwestseite waren Slums, kleine Miethäuschen mit Außenaborten, die nach der deutschen Auswandererwelle der 1880er statt mit einer bald mit drei Familien belegt waren. Die Verhältnisse dort müssen schlimmer als im damaligen Berlin gewesen sein. Aber nicht nur dies.

> Haß ist ein Unkraut, das tief wurzelt, ein Unkraut, das nicht ausgerissen werden kann. Es muß langsam verdorren dadurch, daß man ihm keinen Dünger mehr gibt. Der Boden, in dem es wuchert, wird dann langsam verarmen, und das Unkraut selbst wird absterben.
>
> Robert Bosch

Chicago war auch die Hochburg der amerikanischen Arbeiterbewegung, getragen eben von deutschen Arbeitern und ihren Vertretern. Einer davon war der aus dem hessischen Friedewald ausgewanderte Polsterer August Spieß, der seinen Namen etwas unglücklich zu Spies anglisierte (englisch «spies» = Spione). Er hatte in Chicago schon die erste große Arbeiter- und Arbeitslosendemonstration erlebt, die so genannten Brotunruhen zwei Jahre nach der Chicagoer Brandkatastrophe von 1871, bei der die Polizei die 20 000 Demonstranten in einen Tunnel abdrängte und dort brutal niederknüppelte. Einige der schwerverletzten Opfer starben, ohne dass die Verantwortlichen je zur Rechenschaft gezogen wurden. Es folgte ein Bankenkrach, bei dem die Regierung der Bank zu Hilfe eilte, aber ein Arbeitsbeschaffungsprogramm für die dadurch arbeitslos Gewordenen ablehnte. Für das Riesenheer der arbeitssuchenden Obdachlosen schlug die Tageszeitung «Chicago Tribune» «ein wenig Strychnin oder Arsenik» vor. Spies schloss sich der sozialistischen Arbeiterbewegung an. Zum 100. Jahrestag der amerikanischen Unabhängigkeitserklärung 1876 hielten die Chicagoer Sozialisten eine eigene Feier ab und verkündeten ihr großes Ziel: «Abschaffung des jetzigen Produktionssystems und Errichtung des wahren Volksstaates auf sozialistischer Basis – auf friedlichem Wege, wenn wir können, auf gewaltsamem, wenn wir dazu gezwungen werden» (Nuhn 1992). Denn nachdem bei der neuerlichen Demonstration 1877 die Polizei und Bundestruppen mit Pistolen auf die Einwanderer geschossen und dabei über zwei Dutzend Todesopfer und 200 Schwerverletzte zurückgelassen hatten, besann man sich auf das verfassungsgemäße Recht, Waffen zu tragen, und gründete in Chicago einen «Lehr- und Wehrverein». Das Gericht hatte damals die Einsatzleitung zu einer Geldstrafe von einem Dollar verurteilt und die Betroffenen durch diesen juristischen Trick um das Recht zur Urteilsrevision gebracht. Die Chicagoer Polizei rüstete weiter auf, die «Citizens' Association» zur Bekämpfung der Kommunisten schenkte ihr zwei frühe Maschinengewehre in der Erkenntnis, «daß man eine Schnellfeuerkanone brauche, die eine Straße vollständig leerfegen und tausend Personen in wenigen Sekunden niedermähen kann». Spies übernahm die Herausgabe der fast bankrotten deutschsprachigen «Chicagoer Arbeiter-Zeitung», als die Konjunktur wieder anzog und die Lehr- und Wehrvereine zusehends in die Illegalität getrieben worden waren. Die Arbeiterbewegung spaltete sich. Spies brachte mit enormem Einsatz die einzige sozialistische Tageszeitung in Chicago wieder in die Höhe und wurde mit seinem Mitstreiter Albert Parsons zum Hassobjekt der englischsprachigen bürgerlichen Presse, die hemmungslos gegen das ganze «Immigrantenpack» wütete: «Es ist sehr nett, wahres Elend zu bessern: aber die beste Mahlzeit für einen lumpigen Tramp ist Blei. Man solle genügende Portionen geben, um ihren Appetit und ihre Gefräßigkeit zu stillen.» (Nuhn 1992)

Im Oktober 1884, als Bosch in New York bei Edison arbeitete, waren wieder 25 000 Chicagoer ohne Job. Die Gewerkschaften versuchten durch Verkürzung der Arbeitszeit auf acht Stunden neue Arbeitsplätze für diese zu schaffen. In Erinnerung an die erste Arbeiterdemonstration vor zwanzig Jahren in Chicago wurde als Ziel der 1. Mai 1886 angesetzt, zu welcher Zeit Bosch ja bereits wieder in Europa war. Auch die Chicagoer Knights of Labor waren dabei, obwohl deren Führung diese Achtstunden-Kampagne ablehnte. Erste Erfolge gab es bei der Stadtverwaltung, wo per Gesetz der Achtstundentag eingeführt wurde. Zunehmende Kundgebungen hatten die Besitzbürger Chicagos aufgeschreckt, und mit dem nahenden 1. Mai geriet die Stadt in einen Zustand nervöser Erregung. Spies und Parsons waren die Hauptredner. «Macht sie für jeden Ärger verantwortlich, der heute passiert. Statuiert an ihnen ein Exempel, wenn es so weit ist», schrieb die «Chicago Mail». Doch die Demonstration am 1. Mai verlief ohne nennenswerte Zwischenfälle. Aber zwei Tage später beim Streik von 3000 Stapelholzverladern nahm das Unheil seinen Anfang. Ein Teil von ihnen eilte noch während Spies' Rede zur McCormick-Fabrik, um den dortigen Arbeitern trotz Spies' Abraten gegen Streikbrecher zu helfen, wobei die Polizei wild um sich schoss und zwei Arbeiter tötete. Spies setzte ein flammendes Flugblatt «Arbeiter, zu den Waffen!» auf, wozu ein Setzer der «Arbeiter-Zeitung» noch die Zeile «Rache! Rache!» eingefügt hatte. Spies rief in seinen Reden aber stets zur Besonnenheit auf. Dagegen diente es offenbar den Polizisten zur ständigen Kurzweil, jedwede Ansammlung von Arbeitern mit dem Knüppel auseinanderzutreiben – von Versammlungsfreiheit keine Rede.

Die Protestversammlung auf dem Haymarket in Chicago alarmierte die Polizei, zum Teil in Zivilkleidung getarnt, und durch einen tragischen Irrtum auch die bewaffneten Chicagoer Sozialistentruppen. Spies sollte die Rede halten und sagte zu, nachdem ihm ein gewaltloser Charakter der Demonstration zugesichert worden war. Sogar der liberale Bürgermeister war erschienen, um notfalls mäßigend das Wort zu ergreifen. Vorredner Spies und Hauptredner Parsons hielten abwiegelnde Reden, worauf der Bürgermeister beruhigt nach Hause ging. Erst danach rückte plötzlich Polizei aus, die in einem Gebäude mit dem Vize-Polizeichef offenbar nur darauf gewartet hatte, nahm Aufstellung vor dem Rednerwagen und befahl sofortiges und friedliches Auseinandergehen. Der letzte Redner, Samuel Fielden, sagte noch: «Aber wir sind doch friedlich!» und: «Nun gut, wir werden dem Befehl folgen» und stieg vom Rednerwagen herab. Da geschah es: Ein schwarzer Gegenstand flog in die Reihen der Polizei und explodierte! Ein Polizist starb an den Folgen, sechs weitere durch «friendly fire» im anschließenden Amoklauf der 1000 angekarrten Kollegen sowie eine nicht geklärte Anzahl von Zivilisten. Der Bombenwerfer konnte nie ermittelt werden.

Die Chicagoer Zeitungen versetzten mit ihren tendenziösen und grob unwahren Berichten die Stadt in Hysterie wegen eines kurz bevorstehenden Umsturzes und forderten skrupellos die Hinrichtung der Wortführer: «Hängt sie auf und macht ihnen den Prozeß später!» Und genau so geschah es! Nach einer skandalösen Farce von Schwurgerichtsverhandlung wurden trotz Intervention des Gouverneurs von Illinois und weltweiter Proteste die zum Tode Verurteilten Spies, Parsons, Fischer und Engel gehängt, obwohl ein Mordverdächtiger gar nicht benannt werden konnte. Ein verabscheuungswürdiger Justizmord war geschehen, weswegen sich die USA nicht dem Rest der Welt zur Feier des 1. Mai als Tag der Arbeit anschlossen, sondern ihn am 4. September feiern, um nicht an den Justizmord zu erinnern. 1893 kamen die Demokraten an die Macht und mit ihnen der aus dem hessischen Niederselters gebürtige Gouverneur John Peter Altgeld. Er ließ die letzten drei Verurteilten frei und hob mit seiner «Pardon Message» das Fehlurteil von 1886 praktisch auf – woraufhin ihn die hasserfüllten Chicagoer Granden um Amt und Vermögen brachten. John F. Kennedy rühmte Altgelds beispielhafte Zivilcourage und seinen politischen Mut in seinem Buch «Zivilcourage» (1960). In Deutschland gerieten Altgeld und der Märtyrer Spies völlig in Vergessenheit.

In Madgeburg nah am Gasmotor

Auf dem Dampfer «Fulda» kehrte Ende Mai 1885 ein selbstbewusster Bosch nach England zurück. Hatte er doch bei zwei Top-Adressen der jungen elektrotechnischen Industrie gearbeitet und Einblicke in die amerikanischen Fertigungsmethoden gewonnen.

Er konnte jetzt fließend Englisch und wollte sich endlich selbstständig machen, um heiraten zu können. Aus diesem Grund suchte er sich nur noch Stellen, die er für dieses Ziel nutzen konnte. Er mochte auch nicht mehr so oft die Stellung wechseln, in der Erkenntnis, dass er damit Wesentliches verpasste. Dem Vorbild von Schuckert folgend wollte er sich aber noch in England umschauen, dem führenden Industrieland der Alten Welt.

Ich war im Frühjahr 1885 in London und fand nach einigem Suchen bei Siemens Brothers in Woolwich Stellung im Apparatebau. Dort fand ich im Gegensatz zu New York zwar eine nach deutschem System aufgebaute Fabrikation, aber eine sehr veraltete nach jeder Hinsicht.

Robert Bosch ist also schließlich beim Elektrotechnik-Pionier Nr. 1 des Deutschen Reichs gelandet, wenn auch in der britischen Dependance, geleitet von Sir William Siemens, dem Bruder des Erfinders Werner von Siemens. Anlass für die Gründung der Niederlassung in Woolwich, übrigens Sitz der Royal Military Academy, war der Bau der landgestützten indo-europäischen Telegraphenlinie London–Kalkutta gewesen, die noch bis 1931 in Betrieb war. Hierfür wurden die Siemens-Telegraphen und ihre Komponenten gebaut. Bosch war wirklich kein Greenhorn mehr und erkannte die im Vergleich zu den USA altertümliche Betriebsorganisation. In seine Existenzgründungspläne baute er nun den Militärfreund und künftigen Schwager ein. Tatsächlich organisierte er einen Arbeitsaufenthalt des studierten Eugen Kayser in Woolwich, der nur eine kurze Praxis bei Fein in Stuttgart vorzuweisen hatte. Doch Kayser hatte keine Fortüne bei Siemens Brothers und konnte dort nur kurz als Mechaniker arbeiten. Damit zerstoben auch gemeinsame Pläne zur Gründung einer Dynamofabrik oder Telegraphenanstalt. Denn Bosch hatte immerhin ein Erbteil auf der Bank, Kayser keines. Bosch konnte sich auch alleine selbstständig machen und forderte Kayser auf, sich weiter in der Branche umzutun. Ein Studium ohne Berufserfahrung war in Boschs Augen noch kein Aktivposten. Zu Weihnachten beendete Bosch die zweijährige Trennung und fuhr zu seiner Braut und nach Hause. Das war auch dringend erforderlich, nachdem die Abstimmung der weltanschaulichen Standpunkte bisher nur brieflich geschehen war. *Zu Weihnachten zog es mich nach Hause. Ich verlobte mich öffentlich, konnte aber an Heirat nicht denken. In Magdeburg fand ich eine Stellung bei*

Buss, Sombart & Co. Sombart, der Inhaber, hatte eine im Norden auch sonst nicht selten anzutreffende Art, seine Leute zu überwachen: er liebte es, die Meister gegen die Ingenieure auszuspielen. Seine Fabrikate, Gasmotoren und Tachometer, waren nicht unbeliebt, unangenehm aber die geringe Offenheit, die im Betrieb herrschte. (Bosch 1921, S. 10)

In Magdeburg hatte Bosch das große Los gezogen, nachdem er sich dort bei der Bewerbung eben auch glänzend verkauft hatte. Er wurde wie ein Werkführer – damals sagte man: Beamter – monatlich bezahlt. Arbeiter erhielten dagegen einen Wochenlohn. Er installierte mit Gehilfen selbstständig Beleuchtungsanlagen in Fabrikgebäuden. Dieser Bereich der Elektrotechnik war ein neues Geschäftsfeld für den umtriebigen Inhaber, den Kaufmann Carl Max Sombart. Die Firma hatte mit Tachometern und Tachographen begonnen, von denen man schon auf der von Bosch besuchten Münchner Ausstellung hörte. Das waren Drehzahlmesser, um etwa die Drehzahlen eines Gasmotors zu kontrollieren oder auf Papier aufzuzeichnen. Denn dies war wichtig, um die Lichtstärke einer dynamogespeisten Lichtanlage ohne Schwankungen zu halten, die sich ja mit der Drehzahl des angetriebenen Dynamos änderte – ein Effekt, den man vom Fahrradlicht her kennt. Die geistigen Väter des Messinstruments waren sicherlich die Teilhaber, die Ingenieure Wilhelm Albert Buss und Eduard Buss. Die Gasmotoren-Patente wurden aber alle von Sombart, dem Inhaber oder «Prinzipal», wie man damals sagte, auf die Firma angemeldet.

Das Werk in Magdeburg-Friedrichstadt baute seit acht Jahren neben Dynamos auch kleine Gasmotoren in Lizenz des Franzosen Aléxis de Bisschop und seit vier Jahren auch selbstkonstruierte Zweitakter, alle mit Gasflammenzündung. Der Viertaktmotor von Otto aus Deutz war ja noch durch Reichspatent geschützt. Doch die Deutzer strebten ein Monopol auf alle Gasmotoren an, denn Ottos Patent schützte auch die schichtweise Verbrennung im Gasmotor. Also klagten die Deutzer Gasmotorenwerke gegen ihre Konkurrenten, sie sollten den Gasmotorenbau einstellen und die Kunden zum Abschalten der Gasmotoren auffordern, es sei denn, sie zahlten eine Lizenzgebühr an Deutz. Daraufhin erging eine Nichtigkeitsklage, unterstützt von Ernst Körting in Hannover und von Sombart, um das Patent aufzuheben. Ihr schließlicher Erfolg stürzte nicht nur den Anspruch der schichtweisen Verbrennung,

sondern sogar Ottos Viertaktanspruch, sodass alle Gasmotoren-
bauer nun ganz legal Viertaktmotoren bauen konnten. Buss, Sombart & Co. bauten bald 140 Motoren im Jahr, ebenso viele wie die
Rheinische Gasmotorenfabrik von Karl Benz in Mannheim. Und
dieser hatte dann einen Viertakt-Benzinmotor in ein dreirädriges
Veloziped eingebaut und solche «Fahrräder mit Kraftbetrieb», wie
sie amtlich hießen, zu produzieren begonnen. Als «Automobile»
wurden sie erst später bezeichnet.

Auch mit seinem unmittelbaren Vorgesetzten hatte Bosch
Glück, denn der war gleichaltrig und ebenso wie Bosch ein «Wol-
lener», ein Anhänger des Jäger'schen Wollekults. Man verstand
sich prächtig. Der aus Hanau gebürtige Erich Correns hatte in
Hannover die Königlich Technische Hochschule besucht und war
schon vorher in der Firma als Ingenieur fürs Elektrotechnische. So
ist anzunehmen, dass ab 1884 ein Bogenlampen-Patent der Firma
mit raffinierter magnetischer Kohlennachführung von Correns
erfunden, aber wieder mal vom Prinzipal Sombart auf die Firma

Der Ingenieur Erich Correns (1861–98; Zweiter von rechts)
auf seinem ersten Elektromobil, Berlin 1898

angemeldet wurde. In solch anregendem Klima ging Bosch jetzt selbst unter die Erfinder und wollte sich die Konstruktion einer Bogenlampe mit einer besseren Reguliervorrichtung (also Nachführung der abbrennenden Kohlenstifte) patentieren lassen. Er machte dies außerhalb der Firma und konnte deshalb die Konstruktion nicht erproben. Schwager in spe Eugen Kayser kam auf Stellensuche nach Magdeburg und wurde sofort zum Zeichnen eingespannt. Die Patentanmeldung, gleich auch für Frankreich und außerdem noch für eine zweite Konstruktion, hat Bosch wohl ohne Anwalt betrieben, doch offenbar wurde kein Patent erteilt, denn auf Boschs Namen ist weder im Reich noch in Frankreich ein Bogenlampen-Patent zu finden. Bosch, der auf diese Patente seine Existenz gründen und die Firma verlassen wollte, kündigte zwar, blieb aber noch, weil in einer Fabrik eine neuartige Glühlichtanlage – statt Bogenlampen – zu installieren war und er gern Erfahrung mit den Edison-Glühbirnen sammeln wollte. Wenn Bosch später zu seinem siebzigsten Geburtstag verlautbarte, er habe nie eine Erfindung gemacht, so muss man dies wieder als Understatement verstehen. Allerdings machte er eine Einschränkung: Eine Erfindung im landläufigen Sinne war für ihn nämlich eine, mit der man mehr oder weniger mühelos Geld machen konnte! Dass eine elegante Problemlösung ein Wert an sich sein kann, dem Kunstwerk vergleichbar und unabhängig von der Vermarktung, ist offenbar nur Technikverständigen eingängig.

Für mich scheint die Frage, ob die Technik zum Segen oder Unsegen da sei, müßig zu sein. Wenn der Mensch der Sklave der Maschine geworden ist, so ist lediglich er daran schuld.

Robert Bosch, 1941

Auch Elektrotechniker Correns hatte Bosch zugeredet, sich mit ihm und einem Dritten in seiner Heimatstadt Hanau selbstständig zu machen. Aber an was dachte Correns, womit man sich selbstständig machen konnte, nun, da die Bogenlampen allmählich von den handlicheren Glühlampen abgelöst wurden? Etwa an eine Hochspannungszündvorrichtung für Gasmotoren? Seit 1884 besaßen Buss, Sombart & Co. das Deutsche Reichspatent No. 31278 hierauf, und es will nicht einleuchten, dass diese Physik-Anwendung von jemand anderem als dem studierten Elektrotechniker Correns erfunden worden sein sollte. Aber auch hier

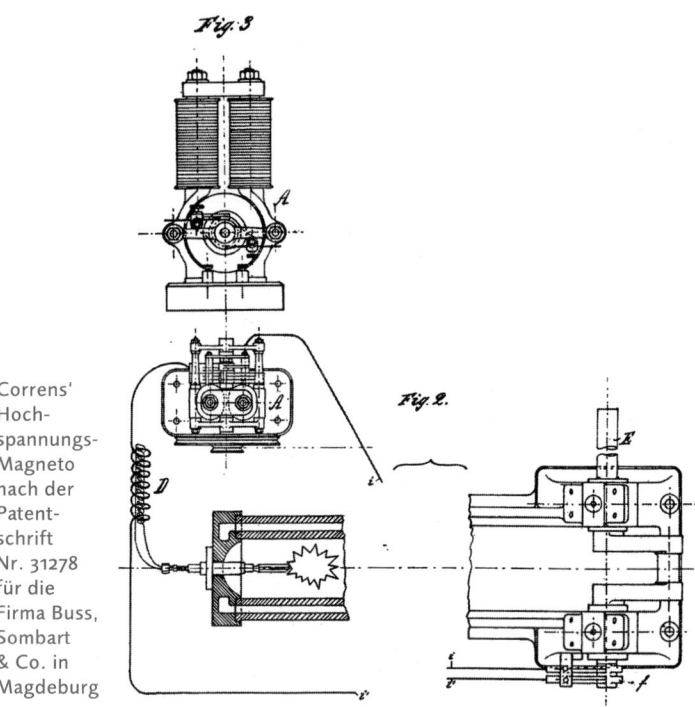

Fig. 3

Fig. 2.

Correns'
Hoch-
spannungs-
Magneto
nach der
Patent-
schrift
Nr. 31278
für die
Firma Buss,
Sombart
& Co. in
Magdeburg

hatte der Prinzipal das Ergebnis seines Beamten auf die Firma angemeldet. Correns machte später als Direktor der Berliner Akkumulatorenfabrik nochmals eine fundamentale Erfindung: die Correns-Platte für Akkumulatoren, in die das Bleioxyd eingepresst wurde und deren Prinzip noch heute verwendet wird. Eine elektrische Zündung ohne Batterieverschleiß wie die patentierte war seit Lenoirs ersten Experimenten mit dem Gasmotor ein Desiderat und in brandgefährlichen Umgebungen wie den Mühlen mit ihren Staubexplosionen ohnehin unabdingbar.

Hier also, achtzehn Jahre vor der Wiedererfindung einer anderen Hochspannungszündung durch Bosch-Mitarbeiter Gottlob Honold, lag ein fertiges Konzept für eine batterielose Gasmotorenzündung vor, die voraussichtlich nach Lösung der Isolierprobleme hätte funktionieren können. «Ein Gleichstrom, von einem kleinen Generator geliefert, wurde zerhackt und der Primärwicklung einer

Induktionsspule [heute: Zündspule] zugeleitet. Dadurch wurde in der Sekundärwicklung der hochgespannte Zündstrom induziert, der an der Zündkerze [das Wort kommt im Patent noch nicht vor] den Funken erzeugte. Ein auf der Kurbelwelle sitzender Unterbrecher steuerte den Augenblick der Zündung. Die beiden Elektroden der Kerze sollten ein sägezahnähnliches Profil erhalten, damit die Funken an verschiedenen Stellen überspringen konnten. Zu einer Ausführung scheint es nicht gekommen zu sein. Das Patent geriet völlig in Vergessenheit», schreibt Friedrich Sass in seiner «Geschichte des deutschen Verbrennungsmotorenbaus» (Sass 1962, S. 139). Jeder aufmerksame Leser der Fachzeitungen konnte es jedoch in der Patentklasse 46: «Luft- und Gasmaschinen» entdecken, wo später auch das Bosch-Patent eingereiht wurde, wenn auch unter 46c.

Warum wurde die Hochspannungszündung nicht gebaut? Dass das gemeinsame Unternehmen von Correns und Bosch in Hanau nicht zustande kam, ist möglicherweise auf den Einfluss des älteren Bruders Karl zurückzuführen. Denn dieser hatte schon immer gewarnt, es sich dreimal zu überlegen, bevor man sich mit jemand assoziiert, und sehe es noch so günstig aus. In Magdeburg allerdings ging ohne Correns bald nichts mehr. Denn Boschs Bemerkung, dass Sombart es liebte, die Meister gegen die Ingenieure auszuspielen, bezog sich auf solch einen Winkelzug gegen Correns. Als Konsequenz muss Correns gleichzeitig mit oder kurz nach Bosch die Firma verlassen haben. 1892 wurde Sombarts Firma an die Grusonwerke und damit an Krupp verkauft, der dann die Gasmotorenfertigung nach Nürnberg verlagerte. Das war das Ende des hoffnungsvollen Motorenbaus in Magdeburg, wo Sombart noch als Stadtrat fungierte.

Der Zeitpunkt für dieses Zündungspatent war kein Zufall. Denn erst ein Jahr zuvor war die definitive Niederspannungszündung für Gasmotoren patentiert worden, die später noch jahrzehntelang als «Magneto» auch in Automobile eingebaut wurde und das Brot-und-Butter-Modell der jungen Firma Bosch darstellte. Dieses Ur-Patent muss bei zwei Leuten die Phantasie angeregt haben, einmal wohl bei Erich Correns – wie beschrieben – und später noch bei Paul Winand, über den noch zu sprechen sein wird. Um hier klarzusehen, muss aber auch ein Stück Vergangenheitsbewältigung geleistet werden, die übrigens in den Bosch-Firmenschriften deutlicher vollzogen wird als anderswo. Der Erfinder des «Magneto» war Siegfried Marcus gewesen, jener ideensprühende jüdische Mechaniker aus dem mecklenburgischen Malchin, der nach drei Jahren bei Siemens eine mechanische Werkstätte in Wien gegründet hatte. Der unselige österreichische Prioritätenstreit um sein 1888 gebautes Automobil hat sein Andenken beschädigt, ausgelöscht haben es die Nationalsozialisten mit einer Anordnung des Reichsministeriums für Volksaufklärung und Propaganda, wonach Hitler es wünsche, dass der Jude Marcus aus allen deutschen Automobilgeschichten getilgt werde. Also musste auch für seine Niederspannungszündung ein Ersatzerfinder gefunden werden: Man nahm keinen Geringeren als Nikolaus August Otto! (Kaum glaubhaft Langen 1949) Neuere Recherchen haben aber Marcus als den amtlichen Erfinder des «Magneto» rehabilitiert (Hardenberg 2000). Dass er nicht als Millionär gestorben ist, sagt nichts über seine Bedeutung als Erfinder aus, und seine wirtschaftlichen Probleme darf man sicherlich zu einem großen Teil dem unverhohlenen Antisemitismus im kaiserlichen Wien zuschreiben.

Wenn man im dunklen Zimmer den Stecker eines Bügeleisens aus der Steckdose zieht, funkt es sichtbar in der Steckdose: Dies ist das Grundprinzip hinter der Abreißzündung nach Marcus.

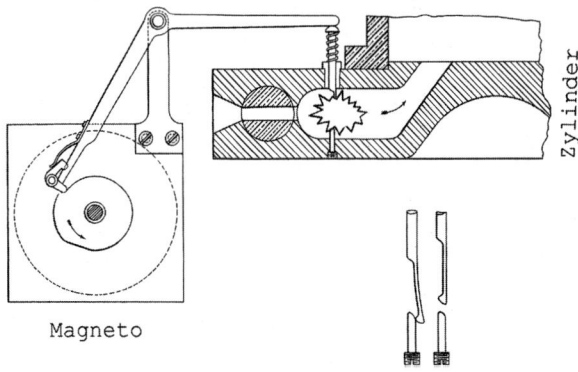

Ausschnitt aus Siegfried Marcus' US-Patent von 1883 für seinen Magneto. Unten rechts: Zündfinger vor (links) und nach der funkenden Trennung. Nach: Hardenberg 2000, S. 256

Denn im Bügeleisen existiert bei Stromfluss ein Magnetfeld, das beim Ziehen des Steckers zusammenbricht, im Verschwinden in dessen Drahtwindungen jedoch eine Spannung induziert, die sogar die Distanz zwischen dem schon getrennten Steckerstift und der Dosenbuchse durch einen kleinen Lichtbogen zu überbrücken vermag. Natürlich funktioniert das nur, wenn die Steckdose mit dem Elektrizitätswerk verbunden ist. Der Funke, wenn der Stromabnehmer einer Straßenbahn kurz von der Oberleitung abhebt, entsteht aus demselben Grund. Statt des E-Werks hatte Marcus eine Art Fahrraddynamo (den gab es freilich damals noch nicht) am Motor vorgesehen. Da nun ohnehin innerhalb des Zylinderkopfes ständig ein Kontakt aufgerissen und wieder geschlossen werden musste, also eine Hin- und Herbewegung stattfand, wurde an das dafür notwendige Gestänge auch der kleine Dynamo angekoppelt – er drehte sich nicht immer weiter, wie beim Fahrrad heute, sondern ruckelte nur hin und her. Triumph der Technik: Man brauchte somit keine immer wieder zu erneuernde Batterie mehr! Dort drinnen im Zylinderkopf im Takt einen Kontakt aufzureißen und wieder zu schließen, das besorgte ein Finger in einer dichten Durchführung, der einen isoliert durchgeführten Kontakt berührte oder losließ – Funke. Und die Spannung brauchte nicht hoch zu sein, etwa 100 Volt genügten, deren Isolierung man gut beherrschen konnte. Daher der Name «Niederspannungsabreißzündung» oder «-abschnappzündung», auch «Magnetzündung» im Gegensatz zur Batteriezündung, weil der Dynamo mit Dauermagnet die Batterie entbehrlich machte. Aus der Abkürzung von «magnetelektrisch», englisch: «magneto-electric», entstand die Bezeichnung «Magneto». Heute sind die Gasmotoren allerdings praktisch ausgestorben, und die Autos haben eine Hochspannungsbatteriezündung.

Doch Ehre, wem Ehre gebührt: Das Prinzip des Abreißfunkens hatten zuerst zwei italienische Erfinder, der Ordensgeistliche Eugenio Barsanti und der Ingenieur Felice Matteucci in ihrem frühen Gasmotor – allerdings mit Batterie – umgesetzt. Marcus kam über seine Minenzünder und induktiven Telegraphen auf die Idee, die Abreißzündung mit dem Dynamo zu einem autarken, weil batterielosen System zu kombinieren. Solche Minenzünder, auch von Siemens, hatten schon früh das dynamoelektrische Prinzip von Werner von Siemens benutzt, um Sprengladungen elektrisch fernzuzünden. Das Bild kennt jeder: Einer kurbelt an einem Kasten, und in der Ferne geht die Sprengung hoch. Marcus baute die neue Zündung an seine eigenen Gasmotoren an und ließ sie in allen wichtigen Ländern patentieren. Sie kam gerade recht zu einer Zeit, als man daran dachte, die Gasmotoren auf flüssige Treibstoffe umzustellen, um auch Benutzern in Dörfern fern von einer Gasanstalt die Antriebskraft zur Verfügung stellen zu können.

Auch Otto hatte in Deutz sechs Jahre zuvor mit der Abreißzündung geliebäugelt und, angeregt von Minenzündern, sogar Werner von Siemens zu Rate gezogen. Dessen Vorschlag eines Dynamos gekoppelt mit einem Funkenrädchen innerhalb des Zylinderkopfs hielt aber der Praxis nicht stand. Otto dachte weiter an eine synchronisierte Zündung und wollte Patente anmelden, doch irgendwie wurde nichts daraus. Nur in England betrieb die Firma 1878 eine «provisional specification» mit Beschreibung eines mechanischen Abreißfingers im Zylinderkopf. Im kaiserlichen Patentamt gab es so etwas nicht, dort wanderte aller Schriftverkehr außer den Patenten selbst in den Aktenvernichter. Auf Englisch ist also schon vor Marcus die Idee des «Magneto» beschrieben. Danach ist in den Vorstandsprotokollen wieder Stille, nachdem Otto eine andere Idee geäußert hatte. Der Eindruck drängt sich auf, dass bis zum Eintritt des Belgiers Paul Winand in die Deutzer Firma in Sachen Zündung nichts verwirklicht wurde. Die Gasmotoren verkauften sich auch mit der Gasflammenzündung oder der Glührohrzündung gut genug. Wem gebührt nun die Palme der «Magneto»-Erfindung? Nehmen wir das Kriterium von Sir William Osler, einem kanadischen Internisten, der postulierte: «In der Wissenschaft gebührt das Ansehen demjenigen, der die Welt überzeugte, nicht einem, dem die Idee zuerst kam.» Auf die Technik übertragen, bedeutet dies zumindest die Veröffentlichung eines Patents oder den Bau eines Prototyps. Demnach geht die Palme an Siegfried Marcus.

Paul Winand war mütterlicherseits mit der Industriellenfamilie Cockerill in Belgien verwandt. Der Vater betrieb eine Färberei und gilt als der Erfinder des Wagenhebers. Winand hatte an der École des Mines der Universität Lüttich studiert, bevor er bei Deutz mit der Niederspannungsabreißzündung befasst wurde (Winand 2004). Dort kopierte man schlicht die Marcus'sche Erfindung. Vermutlich hatte man sie auf der Wiener Weltausstellung von 1883 besichtigen können, wo die österreichische Vertretung von Deutz einen Stand hatte und Marcus' Zündung womöglich an einem österreichischen Gasmotor zu sehen war. Volkswirte umschreiben ein solches Abkupfern mit dem schönen Begriff «Technologietransfer». Man brauchte aber auch nur Marcus' Deutsches Reichspatent No. 25947 von 1883 zu lesen. Die Frage, warum Marcus nicht die Deutzer Gasmotorenwerke und dann später auch Robert Bosch wegen Patentverletzung verklagte, fand mittlerweile eine überraschende Aufklärung. Marcus verkaufte 1889 seine deutschen Patente an den holländischen Privatier Frans von Schuylenburch in Den Haag, der im Jahr darauf starb, bevor er – wie offenbar geplant – Lizenzgebühren einklagen konnte. Weil die Jahresgebühren nicht bezahlt wurden, erlosch dann das Patent auf die Niederspannungsabreißzündung. Sieben Jahre später starb auch Marcus, der sich kurz vor seinem Tod noch gewundert hatte, als er hörte, dass alle auf der Wiener Jubiläumsausstellung von 1898 auszustellenden Gasmotoren seine Zündapparate – aber von fremden Firmen hergestellt – haben würden (Hardenberg 2000).

1887 wird Paul Winand als Privatmann ein Patent auf «Wickelung der Armatur bei Zünd-Apparaten» erhalten. Dahinter verbirgt sich nichts Geringeres als der zweite Vorschlag einer Hochspannungszündung seit derjenigen mit separater Zündspule von Buss, Sombart & Co. Über die Wicklung des ruckelnden Ankers des Dynamos wird eine zweite von isoliertem dünnerem Draht gelegt, sodass der Stromstoß infolge der Unterbrechung darin auf die Hochspannung von mehreren tausend Volt transformiert wird, die auch verdampfte Treibstoffe gut zündet. Aber die Deutzer Gasmotorenfabrik ist an Winands Patent offenbar nicht interessiert. Winand lässt es 1890 erlöschen und geht in die amerikanische Deutz-Niederlassung nach Philadelphia, danach nach St. Petersburg. Sein Patent wird dann Bosch und die Honold'sche Hochspannungszündung 1902 in Verlegenheit bringen. Denn ein Konkurrent drohte, dagegen Nichtigkeitsklage zu erheben. Aber die Firma Bosch kam mit ihrem technischen Vorsprung auch ohne den Patentschutz voran. Paul Winand hat dies, zurück in Köln-Deutz, noch mitverfolgen können, bevor er mit einundfünfzig Jahren starb.

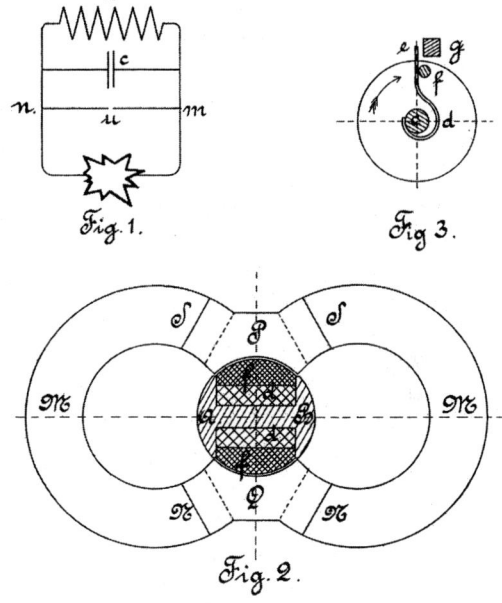

Paul Winands Hochspannungs-Magneto nach der Patentschrift
Nr. 45161 von 1887. Der Doppel-T-Anker trägt eine zweite
Wicklung (f in Fig. 2) für Hochspannung.

Doch nochmals zurück ins Jahr 1886. Damals hatte der
Amerikaner Thomas Stevens als Reporter des Lifestyle-Magazins
«Outing» einen beispiellosen Coup abgeschlossen: die Umrun-
dung der Welt auf einem Hochrad in zwei Jahren – mutterseelen-
allein und nur mit einem Smith-&-Wesson-Revolver bewaffnet.
Damit war die Zukunftstauglichkeit dieses nickelblanken Indivi-
dualverkehrsmittels aus amerikanischer Fertigung eindrucksvoll
bewiesen. In der Elektrotechnik dagegen war die Überlegenheit
der USA über das Deutsche Reich noch nicht ausgemacht, eben-
so wenig bei Handfeuerwaffen. Auch Bosch beobachtete, dass der
Wettbewerb in den USA sich nur in der Werbung, nicht in der
Qualität abspiele: *Keine Fabrik bringt Neues heraus. Ich rede von den
Handfeuerwaffen, aber nicht von den Revolvern, denn in diesen sind die
Amerikaner heute noch führend.* (Bosch 1921, S. 23) Dies sah auch der
Weltumradler Stevens so, der beim Kauf eines Ersatz-Revolvers in

Konstantinopel den deutschen Ameisen und «Made in Germany» ein wenig schmeichelhaftes Zeugnis ausstellte: «Ich fand in den Läden zu Konstantinopel eine Menge von trefflich gearbeiteten deutschen Nachahmungen des Smith & Wesson-Revolvers; aber einerseits ist es die Pflicht jedes Engländers oder Amerikaners, die Gewissenlosigkeit deutscher Fabrikanten, welche für die Hälfte des Geldes fremde Märkte mit dem überschwemmen, was – nach dem Äußeren zu urteilen – genaue Nachahmung unserer eigenen Ware ist, nach Möglichkeit nicht zu unterstützen. Andererseits ist ein echter amerikanischer Revolver eben doch etwas Besonderes, und ich zauderte keinen Augenblick, den Preis für die echte Ware zu zahlen.» (Stevens 1889)

Klein, aber mein:
Die eigene Werkstätte

Auch in Magdeburg ließ sich Boschs Vorsatz, länger an einer Arbeitsstelle zu bleiben, nicht einhalten. Aber dort hat er seine Führungsqualitäten entdeckt. Auf dem Betriebsfest Ende Juli 1886 hielt er eine Rede, worauf die hübsche Frau des Prinzipals ihm ein Kompliment machte und mit ihm ein Tänzchen wagte. Allerdings hatte er genug von den Querelen in einem fremden Betrieb. Jetzt war einfach der Moment gekommen, sich selbstständig zu machen. Nach Abwägung aller Optionen entschied er sich für die württembergische Hauptstadt Stuttgart, unweit des Elternhauses seiner Braut, die ihrer Schwester in Esslingen gegen Lohn den Haushalt besorgte. Den Ausschlag dürfte ein glücklicher Zufall gegeben haben: Militärfreund Karl Schall gab just seine Werkstätte in Stuttgarts Hölderlinstraße auf, um zu seinen Kompagnons nach Erlangen zu ziehen, und bot Bosch den Vertrieb ihrer elektromedizinischen Geräte an. Die Heiratspläne wurden verschoben, um erst einmal ein Bein auf den Boden zu bekommen.

Gegen den Herbst hin verließ ich Magdeburg wieder und machte im November 1886 in Stuttgart eine feinmechanische Werkstätte auf mit der Absicht, Apparate, möglichst elektrotechnische, zu bauen. Auch mit der Anlage von Haustelegraphen befaßte ich mich. Ich begann mit einem Mechaniker und einem Laufburschen. Mein kleines Betriebskapital von etwa 10 000,– Mark verwendete ich sehr sparsam. Der Handel mit und die Instandhaltung von elektro-medizinischen Apparaten, die Vornahme von Versuchsarbeiten für fremde Rechnung, gaben mir schließlich doch so viel Verdienst, daß ich mich etwa ein Jahr nach Eröffnung meines Geschäfts verheiratete. (Bosch 1921, S. 10)

Die Wahl von Stuttgart als Sitz von «Robert Bosch. Werkstätte für Feinmechanik und Elektrotechnik» war damals sicherlich nicht so verständlich, wie uns dies heute erscheint. Denn die Residenzstadt hatte zwar ein Gaswerk und eine Pferdestraßenbahn, aber noch lange kein Elektrizitätswerk. Wer die neumodische Elektrizität nutzen wollte, musste dies entweder im Batteriebetrieb tun oder sich einen Gasmotor mit Dynamo kaufen. Um die wenigen progressiven Kunden schlugen sich schon ansässige Firmen, wie die europaweit agierende Fabrik C. & E. Fein, Boschs früherer Arbeitgeber, oder die seit fünf Jahren Beleuchtungsanlagen installierende Firma Wilhelm Reisser, Generalvertretung der

Stuttgart. Der Königsbau mit Pferdestraßenbahnen, um 1890

Allgemeinen Elektrizitäts-Gesellschaft (AEG). Diese hatte neben der eigenen Werkstatt schon eine Korsett-Fabrik im benachbarten Cannstatt, das Hoftheater, das Neue Schloss und das Wilhelmspalais illuminiert. Und seit zwei Jahren setzte die durch ihre Dampflokomotiven bekannte Maschinenfabrik Eßlingen im Fabrikgebäude der vormals Gebrüder Decker auf Starkstromtechnik, also Dynamos, Elektromotoren und so weiter, beraten von Professor Dietrich am Polytechnikum Stuttgart. Zudem hatte jüngst die Erfindung des Gasglühstrumpfs, eines Katalysators, das Gasglühlicht ermöglicht, das nun dem elektrischen Glühlicht wieder Paroli bieten konnte. Die gasbetriebenen Straßenlaternen leuchteten nun genauso hell wie die elektrischen. Solche Gaslaternen sind in vielen Städten immer noch in Betrieb, und Anwohner halten sie vermutlich für elektrisches Licht. Also blieb eigentlich nur die Nische, die schon der Lehrherr Maier in Ulm bedient hatte: «Telephone, Haustelegraphen. Fachmännische Prüfung und Anlegung von Blitzableitern. Anlegung und Reparatur elektrischer Apparate, sowie alle Arbeiten der Feinmechanik» – so lautete der Text der ersten bekannten Zeitungsanzeige Boschs. Doch dasselbe Feld wird ab dem nächsten Jahr auch der drei Jahre jüngere Mechaniker Ernst Eisemann mit Kompagnon Eugen Jung im Stuttgarter Westen beackern.

Bosch-Anzeige, 1887

Die Werkstatt im Erdgeschoss eines Hinterhauses der Rotebühlstraße, gegenüber der Johanneskirche am Feuersee, stand auf dem heutigen Gelände des Verlags Klett-Cotta. Es gab eine Schreibstube, einen größeren und einen kleineren Werkstattraum sowie einen fensterlosen Raum, in dem die Feldschmiede stand, nebst Abort. Eine Drehbank mit Pedalbetrieb aus diesen Räumen ist noch erhalten. Zu den geerbten 10 000 Reichsmark hatte Bosch noch von Carl Kayser, dem ältesten Bruder seiner Braut, einen Bankkredit von 5000 Mark erhalten, den er nach zehn Jahren ablösen konnte.

Die Werkstätte von Robert Bosch im Hinterhof Rotebühlstr. 75 B

Der Vertrieb der elektromedizinischen Geräte der offenen Handels-
gesellschaft «Vereinigte physikalisch-medizinische Werkstätten
Reiniger, Gebbert und Schall, Erlangen–New York–Stuttgart», der
Urzelle der heutigen Siemens-Reiniger-Werke in Erlangen, konnte anlaufen. Schall hatte in Stuttgart vor allem Stirn-, Mund- und
Kehlkopflampen hergestellt – erstmals mit elektrischen Glühbirnen als Lichtquelle. Die Erlanger Firma florierte, denn die Elektrizität hatte in der Medizin früh Anwendung gefunden, und zwar
nicht bloß zum Ausleuchten, sondern für eine ganze Reihe anderer
Diagnoseverfahren und Therapien. Da gab es alles Mögliche, von
der simplen Elektrisierung bis zum unter Schwachstrom gesetzten
Bad, vom Elektro-Koagulierer für den Chirurgen bis zu Sprechzim-
mermöbeln mit inliegenden Batterien, die zur Erhöhung der Spannung nacheinander zugeschaltet werden konnten. Der leinenge-
bundene Katalog von Reiniger, Gebbert & Schall bot auf 75 Seiten
alles, was der progressive Arzt sich nur wünschen konnte, auch
Dankschreiben aus Stuttgart, zum Beispiel von einem Bosch-Kun-
den, Augenarzt Dr. Königshöfer. Er sei mit dem stationären Apparat
(einer Batterien-Kommode) in jeder Beziehung zufrieden. Derselbe

bedürfe jährlich drei- bis viermaliger Reinigung und Auffüllung der Elemente, welches nur mit geringen Kosten verknüpft sei. Da beginnt man zu ahnen, dass die Charakterisierung der Anfangsjahre durch Bosch als *ziemliches Würgen und sich Durchwinden* diesmal nicht Tiefstapelei, sondern Realität war. Auf der Stuttgarter Elektrizitäts- und Kunstgewerbe-Ausstellung, zehn Jahre später, 1896, lag der Vertrieb denn auch bei einer anderen Firma und nicht mehr bei Bosch.

Da bringt das Jahr 1887 der Bosch-Werkstatt einen schicksalhaften Auftrag ins Haus, der den seit Magdeburg für Gasmotoren und ihre elektrische Zündung sensibilisierten Elektrotechniker aufmerken lässt. Die früheste Quelle hierfür ist die «Zeitschrift des Vereins Deutscher Ingenieure» von 1912, die anlässlich ihrer Beschreibung der Bosch-Fabrik die ziemlich offiziös wirkende Firmendarstellung abdruckt: «Die Veranlassung dazu gab eine zum Ausbessern eingesandte Zündvorrichtung der Deutzer Gasmotorenfabrik, deren Leistung im Verhältnis zu ihrer Größe nicht im richtigen Verhältnis zu stehen schien.» In Boschs Lebenserinnerungen von 1921 steht nichts von Einsendung, sondern vom Besuch eines *kleinen* Maschinenbauers (war Bosch damals größer?), und zwar von Schmehl & Hespelt aus dem württembergischen Städtchen Möckmühl (Heuss 1946). Heinrich Schmehl und Karl Hespelt bauten Landmaschinen in ihrer Werkstatt; ihre per Wasserrad vom Flüsschen Jagst angetriebene Transmission ließ bei sommerlicher Trockenheit die Drehbänke jedoch stillstehen. Da es dort kein Gaswerk gab, hatten die beiden einen stationären Motor für Petroleum zum Antrieb der Transmission installiert und wollten womöglich selbst weitere bauen. Im Möckmühler Feuerversicherungsbuch ist zum Inventar der Eintrag zu finden: «ein Petroleum-Gas-Motor, 2-pferdig mit Petroleum-Zylinderkopf p. Rohrleitung u. elektrische Zündbatterie 1200 Mark». Das könnte ein Exemplar aus der Rheinischen Gasmotorenfabrik von Karl Benz gewesen sein, bei dem die häufige Erneuerung der Batterie mit frischer Säure und neuen Elektroden lästig war. Denn durch die Primärwicklung des Funkeninduktors floss bei den Benz'schen Stationärmotoren der Batteriestrom ununterbrochen, wenn auch durch einen Summer zerhackt, weil ja nur Wechselstrom auf Hochspannung hochtransformiert werden kann. Die Hochspannung wurde im richtigen Takt auf eine Zündkerze geleitet, aber die restliche Zeit schlicht kurzgeschlossen. Dies erklärt den schnellen Verbrauch der Batterieladung bei dieser so genannten Summerzündung. Es gab also schon vier Zündverfahren für Gasmotoren: Flammen-, Glührohr-, Magneto- und Summerzündung.

Im Sommer desselben Jahres [1887] war ein kleiner Maschinenbauer zu mir gekommen und hatte mich gefragt, ob ich ihm nicht einen Apparat bauen könne, wie ihn die Gasmotorenfabrik Deutz an ihren Benzinmotoren verwende. Ein solcher Apparat sei in Schorndorf zu sehen. Ich fuhr dorthin und fand daselbst den niedergespannten Magnetapparat mit Abreißvorrichtung. Ich frug vorsichtshalber in Deutz an, ob an dem Apparat etwas patentiert sei. Auf diese Frage erhielt ich keine Antwort. Auch sonst fand ich keine Anzeichen dafür, daß der Apparat patentiert sei [...]. (Bosch 1921, S. 10)

Die Deutzer Gasmotorenwerke besaßen eben selbst kein Patent auf ihren Magneto, sondern kopierten das Marcus'sche Patent, das später vom Erfinder verkauft wurde und schon 1890 erlosch. Marcus selbst war in Wien zu jener Zeit vollauf mit seinem ersten Automobil-Prototyp beschäftigt.

[...] und ich baute somit den Apparat, den ich auch Gottlieb Daimler vorführte, der eben zu jener Zeit in Cannstatt den damals hochtourig genannten Explosionsmotor für ortsfeste Maschinen baute. Er machte etwa 600 Umdrehungen. Nachdem ich den einen Apparat abgeliefert hatte, machte ich gleich drei weitere, die zu Versuchszwecken von den damals bestehenden Gasmotorenfabriken abgenommen wurden, die die Absicht hatten, Benzinmotoren zu bauen.

Durch Anzeige kam ich darauf, daß auch die gut bekannte Firma F. Martini & Co. in Frauenfeld Magnetapparate suchte. Ich lieferte einen solchen, der noch nach dem Deutzer Muster mit über die Hochkante gebogenen 12 Stück Magneten versehen war. Ich reiste auch selbst nach Frauenfeld, wo ich mich rasch überzeugte, daß mit den 12 gebrechlichen Magneten eine technisch verwendbare Maschine nicht gebaut werden könne. Ich erinnerte mich der Getreidereiniger von Schäffer in Göppingen, kaufte dort Magnete vom Querschnitt 40/20 mm, versah sie mit Polschuhen und einer Grundplatte, zu deren Befestigung, und geeigneten Seitenplatten. Damit war zunächst der Zündapparat für ortsfeste Gasmotoren geschaffen, der aber einen recht mäßigen Absatz fand. Es dauerte zehn Jahre und mehr und der Absatz hob sich nicht sonderlich.

Nichts ist so gut, dass es nicht verbessert werden könnte. Bosch folgte diesem Motto der Techniker und überlegte, wie er in seiner Version des Magneto eine stärkere Magnetwirkung erzielen konnte. Der Deutzer Magneto hatte Seitenwände aus geraden Magnetstäben, die oben durch ein Eisenjoch überbrückt wurden, um ein möglichst starkes Magnetfeld auf den Anker wirken zu lassen, der dazwischen unten hin- und herruckelte. Bosch erinnerte sich von den Fein'schen Telefonen her, dass U-förmige Magnete dies viel effizienter leisten und damit das Dach eingespart werden kann. Allerdings hielt er sich zunächst noch insoweit an das Vorbild, als er zwölf zentimeterdicke Magnetstäbe Flachseite an Flachseite packen wollte und sie somit über die Breite, also die dickere Dimension, biegen musste, was bei der geringen Duktilität des Magneteisens sicher zu Einrissen in der Biegung führte. Die ersten fünf Magnetos waren noch in dieser Weise gebaut – keine besonders schön anzusehenden Produkte. Dann erinnerte sich Bosch, dass sein früherer Arbeitgeber Schäffer im nahen Göppingen Hufeisenmagnete in seinen Getreidereinigern verwendete, um Eisenteile aus dem Korn zu ziehen, die nicht zwischen die Mühlsteine geraten durften. Dort bekam er über die dünne Dimension gebogene Magnete fertig in U-Form und maßhaltig, sodass er nur noch drei davon nebeneinanderpacken musste. Von dieser definitiven, weil optimalen Bauart der ersten Magnetos ab 1888 ist noch ein Exemplar in der Firma erhalten. Mit einem Blick hatte Bosch erkannt, wo das Deutzer Vorbild verbesserungsbedürftig war, und dann in zwei Schritten die definitive Form des Magneto für das nächste Vierteljahrhundert geschaffen. Für solch technisches Ingenium hatte Biograph Heuss offenbar wenig Antennen. Sein Vokabular erschöpft sich in Umschreibungen wie «sorgsame Durchbildung» und dergleichen.

Was schon 1887 eine automobilhistorische Wendemarke hätte werden können, der Besuch Gottlieb Daimlers in der Bosch-Werkstatt, um den dort zusammengebauten Magneto zu sehen, hatte zunächst keine Folgen. Der Magneto war auf der Drehbank aufgebockt und wurde von deren Spindel angetrieben. Im Takt der Umdrehungen funkte er einwandfrei. Doch Daimler blieb für seinen Benzinmotor mit 600 Touren weiterhin bei der Glührohrzündung, denn darauf hatte er das Patent. Wozu also einen Ma-

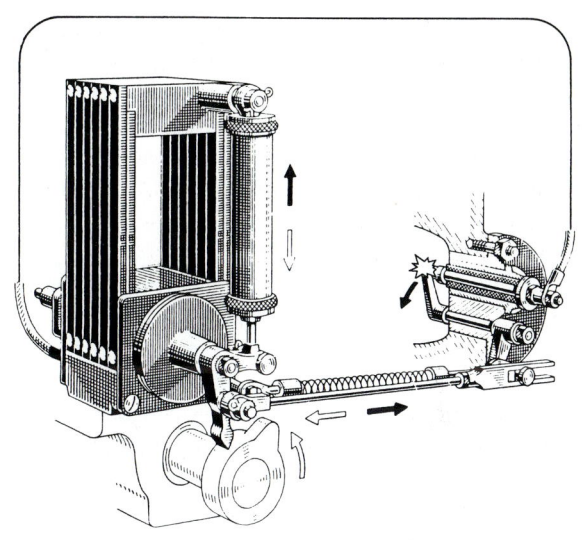

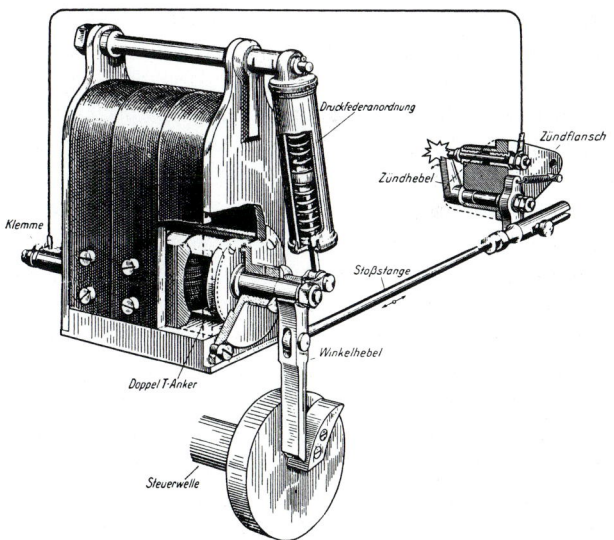

Unlizenzierter Deutz-Magneto (oben) und Bosch-Magneto mit
Hufeisenmagneten. Nach: Sass 1962, S. 154. Die Abbildung des
Deutz-Magneto wurde gekontert, um die Ähnlichkeit der beiden
Magnetos zu demonstrieren.

gneto? Seine Motorboote fuhren gut mit der Glührohrzündung. Somit gab es zunächst keinen Aufschwung, und die folgenden zehn Jahre blieb die Bosch-Werkstätte lediglich ein Zulieferer für die Stationärmotoren-Branche. Die Daimler-Motoren-Gesellschaft kam erst 1900 auf Druck von auswärts zur Magnetzündung für ihre dann gebauten Automobile. Der Druck hatte einen Namen: Emil Jellinek, doch davon später.

Eine dritte Variante brachte übrigens 1938 ein Bosch-Unterlieferant, der achtzigjährige Kartonagenfabrikant August Pfäffle aus Lorch, ins Spiel: Bosch habe den Deutz-Magneto nicht in Schorndorf, sondern bei ihm im erheblich weiter entfernten Lorch gesehen. Bosch antwortete diplomatisch, er sei erfreut, nun zu wissen, wo er den Deutz-Magneto zum ersten Mal gesehen habe. Die beziehungsstiftende Legende kann aber nicht zutreffen, da Pfäffle seinen stationären Deutz-Benzinmotor erst 1891 installierte, also vier Jahre später (Lorch 1990).

Im September 1887 konnte geheiratet werden. Bosch hatte mit seinem Wunsch, sich nur zivil trauen zu lassen, für erhebliche Unruhe nicht nur bei Braut Anna, sondern in der ganzen Familie Kayser gesorgt. Die Trauung fand am 10. Oktober 1887 in der evangelischen Kirche im Obertürkheimer Friedhof statt – der Kayser-Clan hatte gewonnen. Ein Hochzeitsfoto sucht man vergebens. Der Briefwechsel vor der Hochzeit belegt, dass Bosch seine Braut nicht etwa von ihrem Glauben abbringen wollte. Nur er selbst müsse eben gegen seine Überzeugung handeln. Zwanzig Jahre später, nachdem alle Kinder konfirmiert waren, trat er aus der Kirche aus.

Damals, als ein Fahrrad ein Vielfaches des heutigen Preises kostete, ging es dem Radfahrer wie heute dem Automobilisten: er konnte es keinem recht machen. Fuhr der Radfahrer z. B. auf offener Landstraße, vor ihm vielleicht ein einzelner Fußgänger, so mußte er sich fragen, was tun: Klingle ich, so schimpft der Fußgänger, tue ich's nicht, so schimpft er erst recht. Wer regt sich demgegenüber heute noch auf, wenn ein Radfahrer, ohne zu klingeln, dicht bei ihm vorbeifährt? [...] Bei einer der Jahreszusammenkünfte des Reichsverbands der Automobilindustrie erzählte ich dies dem neben mir sitzenden Polizeipräsidenten Berlins [...]. Dieser sagte: «Meine Auffassung ist: Jedem sein Automobil!» Der Standpunkt des letzteren dürfte auch vom Gesichtspunkt des Sozialdenkenden der richtige sein.   Robert Bosch, 1931

Bosch mit
seinem Safety-
Bicycle, 1890

Die Frischvermählten bezogen eine Wohnung in der Schwabstraße 56 für 500 Mark Miete (im Jahr!). Dort kamen 1888 und
1889 die Töchter Gretel und Paula zur Welt. Anlässlich der Geburt
des Sohnes Robert 1891 zog man in eine größere Wohnung in der
Rotebühlstraße 145 um.

Die Stuttgarter Pferdestraßenbahn hatte den Westen, wo Bosch
seine Werkstatt eröffnete, noch nicht erreicht. Nach den ersten
Erfolgen seiner Werkstätte erwarb Bosch deshalb das Auto des 19.
Jahrhunderts, ein Sicherheits-Niederrad noch ohne Freilauf, wie es
soeben aus Coventry auf den Kontinent gekommen war. In den
Augen der Zeitgenossen lebte er damit eindeutig über seine Verhältnisse, denn diese Produkte der Büchsenmacherkunst hatten
damals noch einen hohen Preis: etwa die Hälfte der Anschaffungs-

kosten eines Klaviers! Stolz ließ er sich in einem Fotoatelier mit dem Fahrrad ablichten. Aber natürlich war der Beweglichkeitsvorsprung von großem Wert, konnten doch so die Klingelleitungen installierenden Mitarbeiter in der Stadt kontrolliert werden. Das Fahrrad als Vorreiter des pferdelosen Individualverkehrs sollte in den nächsten Jahren einen ungeahnten Aufschwung nehmen, zumal es nun auch die Frauen des Mittelstands benutzen konnten. Andernorts bestanden noch die alten Fahrverbote, etwa in Köln bis 1894. Nummernschilder und Haftpflichtversicherung wurden bald Vorschrift. Selbst das württembergische Königspaar fuhr öffentlich Rad, und die Königstochter Pauline erhielt eine rehbraune Sonderanfertigung aus den Neckarsulmer Fahrradwerken. Dass sich die ersten Motorfahrzeuge aus den Fahrrädern entwickeln würden, hatten Benz und Daimler bereits eingeleitet, und diese wurden denn auch amtlich als «Fahrräder mit Kraftbetrieb» bezeichnet, bevor der französische Begriff «Automobil» aufkam.

Im Jahr 1891 zog die Werkstatt mit jetzt acht Mann in größere Räume in der Rotebühlstraße um. Als Lehrling wurde Gottlob Honold aus Langenau, dem Nachbarort von Albeck, nach Wartezeit angenommen – Vater Honold und Servatius Bosch waren befreundet gewesen. Der nächste Lehrling war Max Rall, und ihm brachte Bosch das Radfahren bei, denn der aufgeweckte Jüngling sollte ihn beim Besuch der Baustellen vertreten und durfte hierzu das Fahrzeug des Chefs benutzen. Honold, der später die Hochspannungszündung entwickelte, berichtete über die Zeiten damals, unter anderem über die Entlassung eines Meisters: «Die Entlassung dieses Herrn gestaltete sich ziemlich dramatisch. Der Chef verlangte sehr energisch, daß der Betreffende die Geschäftsräume sofort verließ, was recht widerwillig befolgt wurde. In der Hitze der Auseinandersetzung war aber übersehen worden, daß Hut und Rock des Ausgewiesenen zurückgeblieben waren. Doch bevor dieser die Straße erreichte, kam ihm das Zurückgelassene durchs Fenster nachgeflogen. Die schlechten Erfahrungen, die Herr Bosch damals mit Leuten machte, die er als Meister in seine Dienste nahm, ohne ihre Leistungen und Eigenschaften vorher zu kennen, veranlaßten ihn wohl zu dem Entschluß, sich seine Leute, soweit als immer möglich, selbst heranzubilden, und bald darauf wurde der Gehilfe, der schon zum zweiten Mal in der Firma tätig war und sich als sehr geschickter, anstelliger Mechaniker erwiesen hatte, als Werkführer angestellt. Mit diesem unserem Herrn Zähringer hatte Herr Bosch einen sehr glücklichen Griff getan. Vielleicht sind die bitteren Erfahrungen der damaligen Zeit daran schuld, daß Herr Bosch später bei der Auswahl seiner Mitarbeiter sehr vorsichtig wurde, und es ist ihm später auch immer gelungen, den rechten Mann an den rechten Platz zu stellen.» (Bosch-Zünder 1919, S. 235)

Honold erinnert sich, mit dem Chef die Kundschaft in der Stadt – damals Hotel Marquardt, Kaufhaus Merz, Augenheilanstalt Dr. Königshöfer – besucht und Fehler an Klingel- oder Telefonanlagen behoben zu haben. «So ab und zu ging überhaupt ein reinigendes Ungewitter durch die ganze Bude, aber schnell hellte sich der Himmel wieder auf […]. Herr Bosch verstand es, sich den guten Willen seiner Angestellten durch gerechte Behandlung, gute Bezahlung und weitgehend erleichterte Arbeitsbedingungen zu verschaffen. […] Manches Lied wurde gemeinsam zur Arbeit gesungen. Über die Liedertexte herrschte zwar manchmal Unstimmigkeit, weil zweierlei politische Anschauungen vertreten waren. Meistens mußte aber die nach rechts zielende christliche Richtung nachgeben.» (Bosch-Zünder 1919, S. 235)

Im Kaufhaus Conrad Merz war ab 1895 Hugo Borst, später Direktor bei Bosch, kaufmännischer Lehrling; er schrieb an den Biographen Heuss: «Ich erinnere mich noch sehr wohl an den Onkel Bosch mit dem kurzgestutzten Bart, wie er dort in den Geschäftsräumen auf der Leiter stehend selbst die Leitungen für das damals ganz neu in Gebrauch gekommene Haustelefon legte. Merz hatte einen ebenso dicken Kopf wie Bosch, die Telefonapparate waren noch sehr unvollkommen und genügten nicht. Die Beiden verzankten sich, wobei Merz der Bosch'schen Lautstärke nichts nachgab, die Anlage mußte wieder entfernt werden, und Merz kehrte zu seiner zuverlässigen Sprachrohrverbindung zurück.» (Borst 1943) Hugo Borst war eine Neffe von Frau Anna Bosch.

Autor Eugen Diesel, Sohn des Erfinders und mit Bosch befreundet, war der Einzige, der sich über Boschs elementare Zornausbrüche ausließ. Er erklärte, warum Boschs cholerisches Wesen ihm weder geschäftlich noch menschlich schadete, sondern im

Gegenteil eine fruchtbare Triebfeder darstellte. Sein Zornmut sei nämlich immer sinnvoll gewesen, nie sinnlos, immer der Disziplin des Gerechtigkeitsgefühls, der Schlagfertigkeit und Kaltblütigkeit unterworfen und im Grunde unnachgiebig. Trotz aller Leidenschaft habe er den Kopf oben behalten, die Situation durchschaut und sie darum auch beherrscht. Wer etwas Ungeschicktes oder Törichtes begangen habe, der habe sich vorsehen sollen, eine Ausflucht zu ergreifen. Klares Eingeständnis sei die einzige Rettung vor heftigem Zorn gewesen. Auch Versehen und Ungeschicklichkeiten seien Bosch zuwider gewesen, er habe sie aber verziehen. Hätten diese sich jedoch mit Schlauheit oder Unehrlichkeit gepaart, sei die Situation unhaltbar geworden (VDI 1931).

Die allgemeine Wirtschaftskrise von 1892 traf auch die Werkstatt Robert Boschs. Wegen ausbleibender Aufträge musste Bosch von 24 Arbeitern nach Ostern 22 entlassen. Nur Arnold Zähringer, jetzt Boschs Stellvertreter, und Lehrling Gottlob Honold konnten bleiben. Bosch hatte auf Zukunft gesetzt, laufend in Werkzeugmaschinen investiert und auch einen Gasmotor aufgestellt. Hierzu hatten seine Mutter ein Darlehen von 13 000 Mark gegeben und die Schwäger von 9100 Mark, zudem war der Kreditrahmen der Stuttgarter Gewerbekasse von 10 000 Mark fast schon ausgeschöpft. Die Sorgenlast auch für Boschs Frau, wieder werdende Mutter, kann man sich ausmalen. Anlässlich der Geburt des vierten Kindes, der Tochter Elisabeth, zogen die Boschs in die Moltkestraße 20, Ecke Schwabstraße. An den frühen Tod Elisabeths neun Monate später erinnert sich ihr Bruder Robert jr.: «Es kam nun ein Zeitpunkt, wo Liesele schwer krank wurde. Eines Tages kam mein Vater herunter in die Wohnung von Kautskys und holte uns. Er führte uns hinauf. Im Öhrn stand ein Stuhl, auf den sich Vater setzte und uns erzählte, Liesele sei gestorben. Das Kind lag in der guten Stube aufgebahrt. Es hatte akute Zuckerkrankheit. Dies ist ja eine solch außerordentliche Tatsache, daß Dr. Göhrum, der damals schon unser Hausarzt war, nicht darauf gekommen wäre, wenn er nicht das Wasser hätte untersuchen lassen. Paula interessierte sich sehr für die kleine Leiche. Sie strebte immer mit aller Macht in die gute Stube, im Gegensatz zu uns zwei andern Geschwistern. Nun kann ich mich erinnern, daß viele Blumenkränze kamen, die in das Zimmer gebracht wurden. Damals, es war im November, sah ich einmal die Mutter ganz gedrückt am Fenster im Eßzimmer stehen. Zu dieser Zeit ging der Leichenzug von Liesele weg. Verstanden hab ich von dem Vorgang nichts, ebensowenig davon, daß sich Mutter am Weihnachtsabend in den Amerikanerstuhl setzte und still in sich hinein weinte.» (Bosch jr. 1918)

Der sozialistische Theoretiker Karl Kautsky war mit seiner Familie nach dem Fall des Sozialistengesetzes 1890 von London ins recht liberale Königreich Württemberg übergesiedelt und zog 1897 weiter nach Berlin. Die Kautskys wohnten schon in der Rotebühlstraße im selben Haus wie Familie Bosch, im Nachbarhaus Klara Eißner, die sich als Redakteurin der «Gleichheit» nach dem verstorbenen Lebenspartner Zetkin nannte, mit ihren beiden Söhnen Maxim und Konstantin. Der mittellosen Pariser Emigrantin hatte Kautsky Arbeit beim sozialdemokratischen Dietz-Verlag verschafft, wo er die auch von Bosch abonnierte «Neue Zeit» herausgab. Dass damals die bürgerliche Anna Bosch mit ihren Kleinkindern engen Kontakt zu der sieben Jahre älteren und berufstäti-

Anna und Robert Bosch, kostümiert vermutlich für den Umzug des V. Deutschen Sängerbundesfests, Stuttgart 1896

gen Nachbarin Zetkin mit ihren beiden Schuljungen gehabt hätte, darf bezweifelt werden. Die Nachbarschaft währte keine zwei Jahre, allerdings waren die Kautskys bei passender Gelegenheit ins gleiche Haus wie die Boschs in der Moltkestraße gezogen (heute Bebelstraße). Mit den Kautsky-Kindern machten die Bosch-Kinder dann solidarisch Windpocken und Keuchhusten durch.

Der Aufschwung für die Bosch-Werkstätte kam mit der Errichtung eines Elektrizitätswerks in Stuttgart: *Ich machte für eigene und fremde Rechnung Versuche aller Art. Ich nahm auch im Jahre 1895 die Einrichtung elektrischer Beleuchtung in der Stadt Stuttgart auf. Mein Installationsgeschäft in Telegraphie und Telephonie hatte sich gut entwickelt. Mein Ruf in diesen Dingen war der beste und meine Existenz war gesichert. Nicht immer ging es so glatt ab. Ich war oft in Verlegenheit um Geld gewesen, aber ich wirtschaftete sehr sorgfältig und hatte auch noch einen kleinen Bankkredit unter Bürgschaft meiner Verwandten bekommen.* (Bosch 1921, S. 10/11)

Neben den Magnetos, die wegen ihres hohen Preises nur an große Stationärmotoren für flüssige Brennstoffe angebaut wurden, fertigte die Bosch-Werkstatt eine Vielzahl von Artikeln, oft auch Auftragsarbeiten. Die elektrischen Wasserstandsfernmelder waren für das damalige württembergische Großprojekt der Albwasserversorgung bestimmt, bei dem Wasser in die hochgelegenen Dörfer auf der trockenen Schwäbischen Alb gepumpt wurde. Um

Die Entwicklung der Werkstätte Robert Bosch

1886 Beginn mit zwei Mitarbeitern in Stuttgart, Rotebühlstraße 75 B
1887 Erster Magneto; Gottlieb Daimler besichtigt ihn
1888 Neun Magnetos (17 % vom Umsatz) gefertigt
1889 24 Magnetos (22 %) an die Firmen Hille, Körting u. a. geliefert
1890 55 Magnetos (42 %), Umzug in die Gutenbergstraße 9
1891 130 Magnetos (58 %), zehn Mann, Umzug in die Rotebühlstraße 108
1892 Absatzkrise, 22 Entlassungen, Zähringer und Honold bleiben
1893 Magneto-Probelieferung an Karl Benz
1894 136 Magnetos, Test an Rudolf Diesels Motor, Einführung des Neunstundentags
1895 157 Magnetos. Das neue E-Werk Stuttgart bringt Installationsaufträge
1896 263 Magnetos, 16 Mann. Zähringers Drehhülse erfunden
1897 40 Mann, Umzug in die Kanzleistraße 22. Patent auf Drehhülse
1898 132 Magnetos, Vertrag mit Frederick Simms in London
1899 406 Magnetos, Vorfirma «Cie. des Magnétos Simms-Bosch» in Paris
1900 1015 Magnetos, Goldmedaille, Grundstückskauf in der Hoppenlaustraße 11

auf den Wasserstand in den Reservoirs oben reagieren zu können, wurde dieser in den Pumpwerken im Tal elektrisch angezeigt. Lehrling Honold baute einen als Gesellenstück, den der Chef dann in der «Elektrotechnischen Zeitschrift» (Bd. 9, 1893, S. 134) unter dem Titel «Ein neuer elektrischer Wasserstandsmelder» vorstellte.

Ende 1895 nahm endlich das städtische Elektrizitätswerk in Stuttgart seinen Dampfbetrieb auf, eingerichtet durch die Schuckert-Werke. Die daraus resultierenden Installationsaufträge für elektrisches Licht bescherten nun auch der Bosch-Werkstatt ein auskömmliches Auftragspolster.

Durchbruch auf Touren

In Frankreich begann indessen der Siegeszug der Voiturettes. Dies waren Dreiräder in modernster Fahrradtechnik, aber von einem kompakten Benzinmotor angetrieben. Den motorisierten Fahrrädern der Münchner Hildebrand & Wolfmüller mit Flammenzündung, in Frankreich in Lizenz gebaut, war zuvor kein Erfolg beschieden gewesen, nicht zuletzt weil niemand neben der Beherrschung des eigenwilligen Motors auch noch die Kunst des Balancierens leisten mochte. Dann war es 1895 Léon Bollée, der eine dreirädrige Voiturette mit elektrischer Zündung herausbrachte; und Graf Albert de Dion verstärkte im folgenden Jahr den Trend mit seiner Voiturette, nachdem er zuvor mit dem Techniker Georges Bouton schon dreirädrige Dampfvelozipede gebaut hatte. Deren einzylindriger Benzinmotor war eine Eigenkonstruktion mit einer batteriegespeisten Hochspannungszündung wohl von Bouton. Dabei wurde die Fahrgeschwindigkeit nur durch frühes oder spätes Zünden geregelt, nicht etwa durch Gasgeben. Graf de Dion hatte seine Voiturette auf vier Plakaten suggestiv beworben als Fluchtmaschine zur Entführung der Geliebten, die auf der Hinterachse stand und sich am Fahrer festhielt – oder umgekehrt. Das leuchtete den Männern Frankreichs ein! Was die Plakate allerdings nicht verrieten, war das häufig abrupte Ende solcher

Fahrten durch Aussetzen der Zündung (französisch «allumage»). Kein Wunder, dass sich die Voiturettenfahrer mit «Bon allumage» begrüßten statt mit «Bon jour».

«Der Zünder ist einer der empfindlichsten Teile des Zündungsapparates», hieß es 1899 in dem ins Deutsche übersetzten Buch «Das Automobil in Theorie und Praxis» des französischen Journalisten Louis Baudry de Saunier über die Voiturette von de Dion und Bouton. «Ich beeile mich aber gleich hinzuzufügen, daß seine eventuellen Störungen leicht zu reparieren sind. Es genügt, einen zweiten Zünder in der Tasche zu haben, und erfordert das Auswechseln höchstens drei Minuten.» Das Wort «Zünder» wählte der Übersetzer für französisch «la bougie», die Wachskerze. Wann daraus im Deutschen «Zündkerze» wurde, muss noch ermittelt werden. Den letzten, 1954 erschienenen Band «Zobel – Zypressenzweig» des Grimm'schen «Deutschen Wörterbuchs» interessiert nur «Zündkohle» – «Zündkerze» glänzt durch Abwesenheit. Dabei bedeuteten 1867 im K. K. Privileg Classe II/101 «Zündkerzchen» soviel wie «Streichhölzchen». Andersens Märchen «Den lille Pige med Svovlstikkerne» hätte man also auch als «Das Mädchen mit den Zündkerzchen» übersetzen können. Die allzu oft verschmutzende Funkenstrecke im Explosionsraum des Motors war also aus- und einschraubbar gestaltet, um sie notfalls durch eine unverschmutzte ersetzen zu können. Schaut man zurück, so war die einschraubbare und somit auswechselbare Funkenstrecke bereits 1860 von Étienne Lenoir so vorgesehen. Die heutige Zündkerze ist also so alt wie der Gasmotor selbst.

Vor allem die ziemlich geniale De-Dion-Bouton-Voiturette wurde in vielen Nachbarländern kopiert. In Deutschland verließ der Autodidakt Ludwig Rüb die Firma Hildebrand & Wolfmüller, die sich den Begriff «Motorrad» (für französisch: «motocycle») hatte schützen lassen, und fand in Augsburg neue Kompagnons in den Kaufleuten Heinle und Wegelin. Für sein zweirädriges Motorrad hatte Rüb einen Bosch-Magneto verwendet, den er aus einem ortsfesten Motor ausgebaut hatte. Für den mit 400 Touren relativ langsam drehenden Motor Rübs mochte dies noch hinreichen. Nach einer Frankreichreise beschlossen die Kaufleute, nur noch Voituretten mit drei Rädern zu bauen, und nahmen 1896 mit Robert Bosch Kontakt auf wegen einer Magneto-Zündung. Denn bei

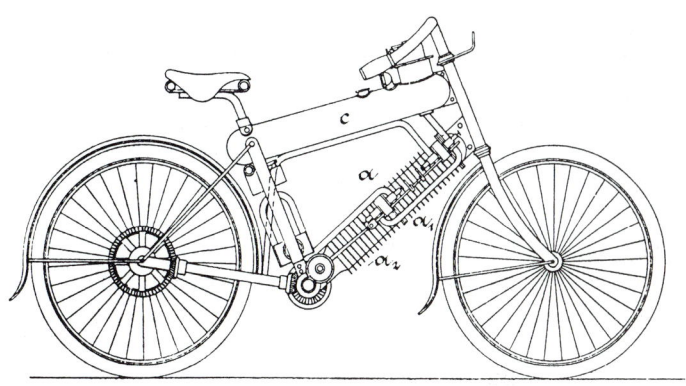

Motorrad (System Rüb) von Heinle & Wegelin. Im Rahmen links
der Bosch-Magneto. Nach: Dinglers Polytechnisches Journal,
Bd. 311, 1899, S. 143

den Voituretten à la de Dion war der Hauptübelstand die nach
einer gewissen Zeit versiegende Batterie. Der kostspielige Ersatz
beziehungsweise das zeitraubende Nachladen-Lassen von Akkus
war eine Zumutung. Doch bei den französischen Voituretten und
ihren Nachbauten erwies sich nun als Riesenproblem für die bisherigen Magnetos die hohe Tourenzahl der Kompaktmotoren im
Vergleich zu den Stationärmotoren, die sich noch so langsam wie
die Dampfmaschinen drehten. Bei denen verursachte der hin- und
herruckelnde Anker des Magneto keine Probleme. Die Tourenzahl
der Heinle-&-Wegelin-Voituretten ist nicht bekannt, dürfte aber
schon höher gewesen sein als bei deren motorisiertem Fahrrad.
Hier traf zu, was damals in Fachblättern aus einer von Bosch ver-
fassten Verlautbarung zu lesen war: *Die Bewegungsart, den schweren
Anker in Schwingungen zu versetzen, gab bei hohen Umlaufszahlen
(über 200 pro Minute) der Motoren zu verschiedenen Unzukömmlich-
keiten Anlaß. Das auftretende Geräusch der ausschnellenden Feder begann sehr intensiv zu werden, und Federbrüche gehörten nicht zu den
Seltenheiten. [...] Der Strom ist gezwungen, die geschmierten Lager des
Ankers zu passieren, und da Öl ein schlechter Leiter ist, hatte dieser Um-
stand öfteres Versagen der Zündung zur Folge.* (Bosch 1898) Aber vor
allem die Trägheitskräfte der Hin- und Herbewegung waren nicht
mehr zu beherrschen, sodass im Apparat etwas zu Bruch ging.

Boschs Werkführer, der siebenundzwanzigjährige Arnold Zähringer, hatte die rettende Idee, die Bosch das erste lukrative Patent (DRP 99390) einbrachte und Zähringer eine Beteiligung von einer Mark pro Apparat. Das Ruckeln des Ankers zwischen den Polschuhen sollte ja eine Änderung der Magnetstärke am Ort der Ankerspule bewirken. Sie lässt sich aber auch dadurch erreichen, dass man den Anker in Ruhe lässt und stattdessen eine geschlitzte Eisenhülse im Spalt zwischen Polschuhen und Anker dreht! Da die Hülse viel leichter ist als der schwere Anker, kann sie bei den hohen Drehzahlen der Kompaktmotoren problemlos mitpendeln oder – wie dann später – gleich volle Umdrehungen machen. Als zusätzliche Vereinfachung konnte der Stromstoß der Ankerspule nun über feste Drähte nach außen gelangen statt über bewegliche Schleifkontakte, Gleitlager und dergleichen. Dies war nun wirklich eine Innovation, die, auch mit Auslandspatenten abgesichert, die eigentliche Geschäftsgrundlage werden sollte.

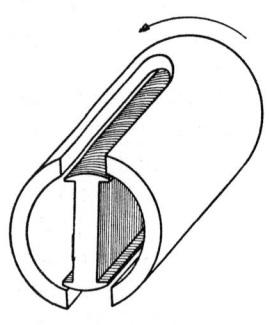

Der Drehhülsen-Magneto: Die Drehhülse rotiert um den feststehenden Anker.

Wir hatten damit Erfolg und brachten eine solche Zündung zunächst an einem Rad von Heinle & Wegelein [sic] an; ferner, es war wohl im Jahre 1897, an einem Dreirad, das mein nachmaliger Vertreter F. R. Simms in London einsandte. (Bosch 1921, S. 12) Während der hoffnungsvolle Start bei Heinle & Wegelin irgendwann mit deren Geschäftsaufgabe endete, erwies sich die Verbindung zu dem umtriebigen britischen Ingenieur und Geschäftsmann Frederick Richard Simms, zwei Jahre jünger als Bosch, als zukunftsweisend. Den Kontakt zu Bosch stellte offenbar Adolf Klose her, Vorsitzender des Mitteleuropäischen Motorwagenvereins und früher Maschinenmeister der Königlich-Württembergischen Staatseisenbahn. Simms hatte auf einer Ausstellung in Bremen die Bekanntschaft Gottlieb Daimlers gemacht, seine damals gegründete Daimler-Motoren-Gesellschaft (D. M. G.) kennengelernt und sich gleich die Daimler-Rechte am Kompaktmotor für das gesamte Commonwealth gesichert. Zur

Mittelbeschaffung gründete er dann mit zwei Partnern die Daimler Motor Syndicate Ltd., Urzelle der britischen Daimler-Marke. Für 100 000 Mark hatte er die Rechte bei Daimler gekauft und gab sie für umgerechnet 200 000 Mark an seine britische Firma weiter – so machte man das richtig. Er wurde so zum Geburtshelfer nicht nur der britischen Automobilindustrie, sondern zugleich auch der Auslandsaktivitäten der Bosch-Werkstatt. Das Batterieproblem der Voituretten (zerbrechliche Gehäuse aus Bakelit) hatte er als das zentrale Fortschrittshindernis erkannt. Deren Fahrer mussten Pannen noch selbst beheben, denn den mitfahrenden Monteur, ab den Dampfautomobilen «Chauffeur» (Heizer) genannt, gab es erst für die nachfolgende Generation der Herrenfahrer. Wenn dann die Zündung versagte, konnte der Herrenfahrer seinen Unmut am Chauffeur als Sündenbock auslassen.

Simms hatte schon drei Magnetos für ortsfeste Motoren von Bosch bezogen, nun brachte er 1897 nach Stuttgart eine Beeston-Voiturette, den britischen Nachbau der De-Dion-Bouton-Voiturette, kurioserweise wohl noch mit Glührohrzündung (Duncan 1928), die auf Boschs Magneto umgebaut werden sollte. Die D. M. G., wo Simms im Aufsichtsrat saß, war nämlich an einem Nachbau interessiert. Maybach und Vischer hatten zuvor geschrieben: «We learn with pleasure that you have bought […] one DeDion Motor Tricycle, built by the New Beeston Cycle Co. which you will bring with you.» Auch Bosch sprach meist von einer De-Dion-Bouton-Voiturette, weil Techniker Kopien eben nach dem Original benennen, auch wenn bei Rennen natürlich die plagiierenden Produzenten genannt wurden, weil sie die Organisation bezahlten. Bosch wollte den Test lieber selbst machen, als Magneto-Muster an britische Fahrradhersteller zu schicken, denen bei der Montage möglicherweise Fehler unterliefen. Simms beabsichtigte, neben der Daimler-Vertretung auch die Bosch-Auslandsvertretung zu übernehmen. Denn Bosch selbst hatte bislang keine Vertretung in London gefunden. Angeblich machte der Beeston-Motor 1800 Umdrehungen pro Minute, tatsächlich ist im Schriftverkehr von 500 oder 600 Touren die Rede. Der bisherige Magneto für ortsfeste Motoren kam da nicht mehr mit, also wurde der neue Drehhülsen-Magneto angebaut, und zwar mit einer Zwangskopplung an die Kurbelwelle ohne die lärmende Feder – und funktionierte einwandfrei. Man konnte jetzt also Voiturette fahren und die Geliebte entführen, ohne an eine zerbrechliche Batterie denken zu müssen. Selbst mit einer Gießkanne geduscht lief der Motor anstandslos weiter, ohne dass die Zündung aufgab – wie leider im Falle der Hochspannungszündung. (Sievers 1995)

Nach dem Erfolg der Voiturette mit Bosch-Magneto veranlasste Simms im Aufsichtsrat der D. M. G., dass ein Drehhülsen-Magneto bei Bosch gekauft und an einen Wagen der D. M. G. montiert wurde – vermutlich durch Maybach. Und tatsächlich nahm dieser Doppelphaeton (Archivbezeichnung «Riemenwagen»), jetzt mit Glührohrzündung plus Drehhülsen-Magneto von Bosch ausgestattet, an der dreitägigen 1. Automobil-Wettfahrt Österreichs ab Bozen mit Erfolg teil. Doch danach war wieder Schweigen. Daimler hatte soeben mit seinem Glührohrpatent eine halbe Million Mark an Lizenzzahlungen in die leere Kasse der D. M. G. geschwemmt, nachdem andere Nutzer, darunter auch Karl Benz, erfolgreich verklagt worden waren. Warum sollte er den dreißig Jahre jüngeren Bosch im unkonventionellen Wolltrikot sein Patent gefährden lassen?

Doch Simms ließ nicht locker. Verstärkung bekam er durch den neuen Handelspartner der D. M. G., den österreichischen Händler, Spekulanten und Honorarkonsul in Nizza, Emil Jellinek (1853–1918). Jellinek war als passionierter Radfahrer schon von den französischen Voituretten angetan und wollte mit den Daimler-Wagen nicht nur handeln, sondern sie auch als Anwalt der Kundschaft selbst fahren und beurteilen. Im «Neuen Wiener Abendblatt» führte er 1899 eine deutliche Sprache über die Brandgefahr der Wagen mit Glührohrzündung: «Die Glührohrzündung bildet eine schwere Gefahr für die Sicherheit des Kraftfahrzeuges, da dieses bei unsachgemäßer Bedienung der Glührohrzündung leicht in Brand geraten könnte. Die Glührohrzündung muß jeden Wagen einmal zum Brennen bringen. Ich will damit nicht gesagt haben, daß dadurch auch jeder Wagen verbrennen muß. Es ist nicht notwendig, daß ein Wagen umfällt, um das Benzin in Brand zu stecken, es genügt, daß eine heftige Erschütterung das Zuleitungsrohr zu den Brennern beschädigt, um den Brand hervorzubringen. Mir selbst sind in meiner langen Praxis unzählige Male meine Wagen in Brand geraten. Ein Bollée ist mir vollständig verbrannt. Bei einem alten Daimler ist der ganze rückwärtige Teil des Wagens ebenfalls in Flammen aufgegangen. Hoffentlich wird in kurzer Zeit die bessere Einsicht der Fabrikanten oder, wenn es nicht anders geht, ein Gesetz die Verwendung jeder Glührohrzündung bei Automobilwagen abschaffen, weil bei der Ausbreitung dieses Verkehrsmittels die Folgen dieser gefährlichen Zündung gar nicht absehbar sind.» (Bosch AG 1936)

Jellinek hatte also mit einer Voiturette von Léon Bollée angefangen, und dieses Dreirad besaß noch eine Glührohrzündung. 1897 hatte er dann ein Doppelphaeton der D. M. G. (Riemenwagen) erworben, natürlich auch mit Glührohrzündung, die dann offensichtlich einmal das Wagenheck in Brand setzte. Und es gab bereits zwei Todesopfer: den Leipziger Buchhändler Dr. Friedrich Hermann Wölfert und seinen Mechaniker Robert Knabe, die in Berlin mit einem Lenkballon voll Wasserstoff und mit D. M. G.-Motor aufgestiegen waren, dessen Glührohrzündung den Wasserstoff zur Explosion gebracht hatte. Jellinek verlangte kategorisch, nurmehr mit Magneto-Zündung ausgestattete Automobile geliefert zu bekommen. Es kam zu einem denkwürdigen Übernahmeangebot an Robert Bosch.

Daimler war mit dem Rottweiler Pulverkönig Max Duttenhofer und dem Karlsruher Patronenfabrikanten Wilhelm Lorenz in die klassische Kompagnon-Falle geraten, vor der Robert Bosch durch seinen älteren Bruder Karl immer gewarnt worden war. Die beiden brachten zwar mehr Finanzmittel, aber eben auch eigene Vorstellungen mit ein: Sie wollten konventionelle ortsfeste Gasmotoren bauen, Daimler dagegen Kompaktmotoren für alles, was sich bewegt. Erst dank Simms' Interesse am Automobilismus lenkten die Kompagnons ein und holten Daimler zurück. Dennoch drängten sie Daimler kurz vor seinem Tod vollends aus der Firma (Niemann 2000).

Kaufmännisches Vorstandsmitglied der D. M. G. war der Kaufmann Gustav Vischer, und dieser empfing aufgrund eines Aufsichtsratsbeschlusses zusammen mit Maybach 1899 im Cannstatter Gewächshaus, der Daimler'schen Versuchswerkstatt, Robert Bosch zu Verhandlungen. Die Herren eröffneten Bosch, dass die D. M. G. bereit sei, seine Werkstatt aufzukaufen. Doch Bosch war auf der Hut. Dies sei eine Preisfrage, außerdem sei er unabhängig

und wolle sich nicht binden, es sei ja möglich, dass die Zusammenarbeit nicht funktionieren werde. Die Gegenseite fragte dann, wie
es wenigstens mit einem Alleinverkauf der Magnetos durch die
D. M. G. aussehe. Bosch entgegnete, welche Abnahmegarantien die
D. M. G. denn geben könne und ob sich die D. M. G. dann verpflich-
te, nur Magnetos von ihm zu verwenden. Maybach ging ins Neben-
zimmer, um mit Daimler darüber zu sprechen. Über einen beiden
Räumen gemeinsamen Ofen konnte Bosch Daimlers Antwort mit-
hören: Er müsse ein schlechter Erfinder oder Konstrukteur sein,
wenn er sich von einem Tag zum anderen an solch eine Neuerung
binde. Maybach kam wieder und übermittelte die Antwort Daimlers. Bosch fragte dann, wie viele Magnetos die D. M. G. werde abnehmen können. Maybach nannte 100 im ersten Jahr, im zweiten
vielleicht 150. Damit war für Bosch die Sache erledigt, denn er habe
im letzten Jahr 1200 Magnetos verkauft (womit er etwas pokerte).
Doch ein Stachel blieb, wie Bosch sich erinnerte, denn die Herren
der D. M. G. bekämpften den widerspenstigen Magneto-Mann, wo
es ging. Der Übernahmeversuch ging sicherlich nicht auf Daimler
selbst zurück, er wurde nur dazu gehört. Die Folge war, dass Bosch
zunächst keine Autos von der D. M. G. fuhr, sondern französische:
einen Panhard & Levassor und einen kleinen grünen Renault, mit
dem er später selbst zur Jagd fuhr (Debatin 1963).

Für die Lieferungen an Jellinek kaufte die D. M. G. nun einzelne
Magnetos bei Bosch und stellte Jellinek dafür 1000 Mark zusätz-
lich in Rechnung. Man setzte in Cannstatt ja neuerdings auf die
konservativen Kutschenbenutzer und bot ihnen ein Automobil in
Kutschen-Anmutung an, eben jenes Doppelphaeton, das bereits in
Cannstatt und Stuttgart als Taxameter neben den Fiakern unterwegs war. Den Aufpreis verschmerzte Jellinek leicht. Die bei den
Deutschen für 10 000 Francs eingekauften Automobile verkaufte
er an französische Kunden wie Bankier Rothschild für 60 000
Francs! Kein Wunder, dass Jellinek in Saus und Braus lebte. Viel
erfolgreicher waren allerdings die Automobile mit Fahrrad-An-
mutung, wie die Voituretten aus Frankreich oder das vierrädrige
Benz-Velo, dessen Konzept (von Kaufmann Josef Brecht) sich an
die Fahrrad-Avantgarde richtete und tausendfach in Serie gebaut
wurde (Lessing 2003). Und noch ein Einsatzgebiet für die Bosch-

Magnetos tat sich auf. Wölferts Schicksal vor Augen, setzte Ferdinand Graf von Zeppelin für sein erstes Luftschiff auf Bosch-Magnetos mit Drehhülse.

Doch zurück ins Jahr 1898. Sohn Robert jr. hatte die Versetzung in die zweite Elementarklasse des Stuttgarter Karlsgymnasiums geschafft und durfte mit ins Hochgebirge zur Sommerfrische. Bei den Gebirgswanderungen, zusammen mit Hausarzt Dr. Göhrum und Frau, wurde der Vater wegen seiner urwüchsigen Barttracht von Touristen regelmäßig als Bergführer angesprochen. Die gemeinsame Besteigung der Östlichen Karwendelspitze gab das Hausarztehepaar weise vorzeitig auf, doch die Bosch-Kinder hielten durch und waren schließlich – zwei Ruhestunden eingerechnet – 13 Stunden unterwegs. Der damals siebenjährige Robert schrieb, davon habe er eine Herzerweiterung bekommen. Denn der Vater scheint beim Bergwandern die Belastbarkeit der Mitmenschen ein bisschen überschätzt zu haben – und nicht nur dort. Das war ihm aber bewusst. *Es ist meine Gewohnheit, von mir und meiner Umgebung nicht gerade wenig zu verlangen, das ist meine Eigenart, die ich nicht aufgeben kann, ohne mich selbst aufzugeben* (Bosch 1885), schrieb er einmal an seine Frau. Und sie war da keineswegs ausgenommen.

Mit dem zwangsgeführten Drehhülsen-Magneto als Ei des Kolumbus für schnelllaufende Motoren hatte Bosch den Einstieg in die motorisierte Fahrrad-Avantgarde geschafft, wo sich mehr tat als im fast gesättigten Markt der ortsfesten Motoren, die zudem allmählich von Elektromotoren verdrängt wurden. Er spürte es auch an der Zunahme der Korrespondenz, die er bislang geduldig selbst im Zweifingersystem in die eigens beschaffte amerikanische Schreibmaschine der Marke «Yost» getippt hatte. Er brauchte dringend jemanden, der ihm den Auslandsvertrieb abnahm, und da kam Frederick Simms gerade recht. Im selben Jahr, 1899, fuhr er nach London, um mit Simms die Alleinvertretung vertraglich zu regeln. Simms war zwar ein rechter Jongleur, aber durch seine Zweisprachigkeit bestens in der Lage und gewillt, brauchbare Technik der deutschen No-name-Produzenten gewinnbringend in England zu vertreten und zu vermarkten. Der Vertrag sah vor, dass Simms mit 5000 Pfund eine «Simms & Co and Robert Bosch» gründete und Bosch seine Patente einbrachte. Die Magnetos sollten unter der Marke «Simms-Bosch» laufen. Die Magnetos lieferte Bosch, wenn auch Simms noch in den Vertrag geschrieben hatte, dass er für 120 000 Mark die Rechte erwerben und dann selbst Magnetos bauen konnte, obwohl er in diesem Fall noch eine Lizenzgebühr zahlen sollte. Dazu kam es zum Glück nicht. Der Vorgang zeigt aber, dass die deutschen Fabrikantennamen im Ausland immer noch modifiziert oder durch einheimische ersetzt werden mussten, wie zum Beispiel bei den nach Frankreich und England gelieferten Benz-Velos. Simms wurde zum Hauptabnehmer der Bosch-Werkstätte. Er hatte Bosch schon vor 1899 zur Gamsjagd nach Holzgau im österreichischen Lechtal eingeladen und ihn damit auf das Hobby seines Vaters Servatius gebracht. Simms ließ sich später unterhalb der Wetterspitze, südlich von Holzgau, eine Berghütte bauen, und diese findet sich als Frederick-Simms-Hütte des Alpenvereins heute noch auf der Landkarte.

Die Eröffnung der ersten Simms-Bosch-Fabrik in Paris, 1905.
Fünfter von links Bosch, Fünfter von rechts Frederick Simms
(1863–1944), Dritter von links Gottlob Honold, Vierter von rechts
der spätere Fabrikleiter Max Rall

Im Jahr 1899 gründete Simms mit Bosch die «Automatic Electric Ignition Company», die vor allem den Markt in Frankreich beliefern sollte, da dort die Einfuhr mit hohen Zöllen belastet war. Also ließ Simms eine französische Telefonfirma die Magnetos bauen. Diese waren – laut Bosch – unter aller Kritik. Simms beschäftigte dann englische Ingenieure unter dem Firmennamen «Compagnie des Magnétos Simms-Bosch Ltd.», bis Bosch seinen vormaligen Lehrling Max Rall gewinnen konnte, dort tätig zu werden. Rall brachte die französische Firma auf Vordermann, zumal mittlerweile auch in Deutschland gebaute Magnetos nach Frankreich eingeführt werden konnten.

Die Zusammenarbeit mit Simms entwickelte sich jedoch zum Katz-und-Maus-Spiel, denn er versuchte, durch eigene Patente Bosch den weiteren Weg zu verbauen. Ohnehin gab er überall den zwangsgeführten Drehhülsen-Magneto als seine eigene Erfindung aus – äußerstenfalls als gemeinschaftliche. Tatsächlich hatte Simms eine eigene Steuerung des Abreißzündstifts patentiert.

Die Charaktere der beiden Männer waren aber auch zu verschieden. Bosch hatte den Anspruch, die Kunden durch Qualität der Produkte und entsprechende Preise an sich zu binden. An Simms kritisierte er vor allem, dass jener nach Mitteln suchte, mit denen er andere zwingen konnte, bei ihm zu kaufen, um dann die Kunden ausnehmen zu können. Anständige Geschäfte seien aber auf die Dauer das Einträglichste. Die Geschäftswelt schätze diese viel höher, als man glaube.

> Es war mir immer ein unerträglicher Gedanke, es könne jemand bei Prüfung eines meiner Erzeugnisse nachweisen, daß ich irgendwie Minderwertiges leiste. Deshalb habe ich stets versucht, nur Arbeit hinauszugeben, die jeder sachlichen Prüfung standhielt, also sozusagen das Beste vom Besten war.
>
> Robert Bosch

Zur Jahrhundertwende zeichnete sich ab, dass die Magnetos keine Eintagsfliege bleiben würden, wie Bosch befürchtet hatte. Unter den Kunden fanden sich zum Teil heute noch bekannte Namen wie FIAT, Austro-Daimler, Škoda, Horch, Poege, Presto und Protos. Die Kredite an die Familie und die Gewerbebank waren zurückgezahlt, und durch Boschs Haltung, in der Preispolitik nicht einzuknicken, hatten sich auch Rücklagen gebildet. Bosch hatte 1898 schon weitere Räume für die Werkstatt hinzumieten

Das Bosch-Werk Stuttgart im Jahr 1906. Links vorne der
erste Fabrikbau von 1901 an der übertrieben breit dargestellten
Hoppenlaustraße

müssen. Nun wollte er alles wieder zusammenführen und kaufte
ein recht zentral gelegenes Grundstück zwischen Liederhalle und
dem alten Hoppenlau-Friedhof. Das Mietshaus darauf ließ er stehen, doch daneben baute er mit Hilfe einer Hypothek ein Fabrikgebäude, den ersten, im Zweiten Weltkrieg zerstörten Stahlbeton-
bau im Königreich Württemberg, der daher noch lange die Bau-
aufsicht beschäftigte. Die «Gefolgschaft», wie man damals nach
den Germanen die Mitarbeiter nannte, belief sich auf mittlerweile
45 Mann. Geplant wurde das Gebäude für eine künftige Expansion auf 200 Mitarbeiter. Doch keine zwei Jahre nach dem Umzug
war diese Zahl schon erreicht! Von den modernen Vorstellungen
des Woll-Ideologen Jäger sensibilisiert, kümmerte sich Bosch besonders um Belüftung und Lichtverhältnisse im neuen Gebäude.
Frischluft wurde von oben in die drei Meter hohen Räume mit
ihren hohen Fenstern fein verteilt eingeführt und am Boden ab-
gesaugt. Auf dem Treppenturm prangte außen vertikal in großen
Lettern die Aufschrift: «Elektrotechn. Fabrik. ROBERT BOSCH».

Hochspannung in der Fabrik

Das neue Jahrhundert in der geräumigen Fabrik ließ sich gut an für Robert Bosch. Die Zahl der Aufträge und der Arbeiter wuchs derart, dass er jetzt Aufgaben delegieren musste. Nach zwei Jahren war das Gebäude schon voll belegt und musste erweitert werden. Die Finanzierung der Expansion konnte aus den laufenden Gewinnen bestritten werden, ohne jegliche Kredite – der Traum eines Unternehmers. Neben den Magnetos für ortsfeste Motoren und die neu aufgekommenen Automobile lief immer noch das Brot-und-Butter-Geschäft der Elektroinstallation. Hierfür übernahm Bosch nun die Vertretung von Sigmund Bergmanns Isolierrohr, des vormaligen Edison-Partners, bei dem er in New York gearbeitet hatte. In einer Anwandlung von Nepotismus holte Bosch den neunzehnjährigen Neffen seiner Frau, den Kaufmann Hugo Borst aus Esslingen, ins Haus. Allerdings musste dieser noch seinen einjährigen Wehrdienst ableisten, weshalb gleich noch mit dem achtundzwanzigjährigen Ernst Ulmer, Sohn eines Fabrikpförtners, ein weiterer Kaufmann eingestellt wurde, der schon ein Jahr später Prokura erhielt. Er wurde Boschs Berater in allen Arbeitsfragen. Hugo Borst hatte eine Stellung bei Simms in London in Aussicht gestellt bekommen, woraus aber nichts wurde, und verließ 1904 auf eigenen Wunsch Bosch in Richtung USA. 1906 kehrte er zu Bosch zurück und brachte aus den USA Rationalisierungsideen mit, worüber er in evangelischen Zeitschriften publizierte. Auch ein Neffe aus der Familie des Bruders Karl Bosch in Köln, der vierundzwanzigjährige Kaufmann Hermann Bosch, kam bei einer Firma unter, welche die Bosch-Erzeugnisse in Japan vertrat. Zwei Jahrzehnte später war er Vorstandsmitglied in der Firma seines Onkels.

Für die weitere technische Entwicklung brauchte Bosch einen studierten Elektrotechniker und fand ihn in seinem ehemaligen Lehrling Gottlob Honold, den er zufällig traf, als dieser seinen Wehrdienst in Ulm ableistete. Honolds Lehrer an der Technischen Hochschule, Professor Wilhelm Dietrich, bei dem schon Bosch Gasthörer gewesen war, hatte ihm eine Assistentenstelle angeboten, doch ohne Abitur sah Honold in den akademischen Gefilden wenig Chancen und nahm Boschs Angebot an. Und es

Robert Boschs wichtigste Mitarbeiter vor dem Ersten Weltkrieg. Von links: der designierte Nachfolger Gustav Klein (1875–1917), Ernst Ulmer (1873–1925), Gottlob Honold (1876–1923) und Hugo Borst (1881–1967)

gab wirklich allerhand zu tun. Bosch baute eine bunte Vielfalt von Magnetos, speziell für Ein-, Zwei-, Vier- oder gar Sechszylindermotoren für Automobile, besondere für Luftschiffe oder ortsfeste Motoren, bald sollten auch solche für die neuen Aeroplane nach dem Modell der Gebrüder Wright dazukommen. Die Palette der Aufgaben förderte die Erkenntnis, dass das Ankoppeln der Drehhülse an das Hin und Her der Zündfingergestänge eine unnötige technische Einschränkung war, viel schonender war es, die Drehhülse einfach rotieren zu lassen und durch die Gestaltung ihrer Luftschlitze mehrfach Spannungssprünge während der Umdrehung zu erzeugen – je nach Zylinderzahl. Zugleich bedeutete dies aber letztlich den Untergang der präzise im Luftspalt zu führenden Drehhülse überhaupt, denn nun war der Weg gedanklich frei, den schweren Anker selbst nicht mehr wie zuvor verschleißend hin- und herruckeln, sondern geeignet geformt einfach rotieren zu lassen wie schon immer in jedem Dynamo. Damit traten die zerstörerischen Trägheitskräfte nicht mehr bei jedem Viertakt auf, also tausend Mal und mehr in der Minute, sondern nur ganz kurz beim Starten und dann beim Stoppen des Motors.

Die Achillesferse der Magneto-Zündung waren immer noch die Gestänge zu den Abreißstiften, und zwar zu jedem Zylinder eines, das die Kunden selbst an ihre Motoren zu montieren hatten – öfter Ursache von Problemen und in der Folge gegenseitigen Schuldzuweisungen. Mit zunehmenden Tourenzahlen war auch hier die Hin-und-her-Bewegung Ursache verschleißender bis zerstörerischer Trägheitskräfte, die es zu vermeiden galt. Doch es gab ja schon die Batteriezündung mit ihren feststehenden offenen Funkenstrecken (bald «Zündkerzen» genannt), welche mittels Hochspannung durch einen Lichtbogen überbrückt wurden, der das Gemisch zündete. Der ganze Verhau der Abreißgestänge fiel hier weg, stattdessen führte ein leicht zu verlegendes Kabel zu jeder Zündkerze. Ein Unterbrecher für die Ankerwicklung sorgte für den Stromstoß zum richtigen Zeitpunkt. Wie wurde man jedoch die wartungsintensive Batterie und die nervenaufreibenden Isolationsprobleme bei Feuchtigkeit los?

Schon 1900 baute Bosch mit Zähringer eine Hochspannungszündung offenbar nach dem Konzept, wie es in dem Patent von Buss, Sombart & Co. aus dem Jahr 1884 niedergelegt war. Seit seiner Arbeit dort war es Bosch sicherlich bekannt, es war aber seit Jahren erloschen. Der Spannungsstoß eines Magneto mit Unterbrecher wurde in einer separaten Ruhmkorff-Spule (viel später erst «Zündspule» genannt) auf Hochspannung transformiert und auf die offene Funkenstrecke im Zylinder geleitet. Auftraggeber war die Maschinenfabrik von Fritz Scheibler gewesen, wo der spätere Konstrukteur des Dixi in Eisenach, Willy Seck, einen innovativen Motorwagen mit Reibrad konstruiert hatte. Dieser Friktionswagen erhielt auf der Frankfurter Automobilausstellung von 1900 die große goldene Medaille und einen Ehrenpreis.

Nach diesem Anfangserfolg war endgültig klar: Wir wollen das Abreißgestänge ein für alle Mal loswerden. Bosch schrieb für Honold das Pflichtenheft auf: feste Funkenstrecke, also Hochspannung, kein Abreißgestänge, keine Batterie, kompakt. Als Bosch im Dezember 1901 von einem Besuch des Pariser Automobilsalons zurückkehrte, hatte Honold den Protoypen fertig. Er hatte die separate Ruhmkorff-Spule erübrigt, indem er auf den Anker des Magnetos gleich noch die Hochspannungswicklung aufbrachte. Allerdings musste nun die Hochspannung erst mal aus dem

Drehanker über Schleifkontakt aus dem Gehäuse geführt werden – und zwar isoliert, denn Überschläge sollten nur auf der Funkenstrecke im Zylinder stattfinden. Das Patent wurde erst zwei Jahre später erteilt, rückwirkend ab 1902, nachdem das Patentamt eine weitere Vorführung verlangt hatte. Aber da war sie nun, die «Lichtbogenzündung», wie man sie im Hause Bosch taufte, «high-voltage magneto» auf Englisch, und dieser HV-Magneto war so kompakt wie der alte. Und im Gegensatz zur Konkurrenz, der Summerzündung, brauchte er keinerlei Batterie! Optisch wirkten die neuen Zündfunken der Zündkerze ein bisschen schwächlich im Vergleich zu den satten Spratzern beim Abreißen am Zündstift, und so brauchte es einige Zeit, die Motorenbauer davon zu überzeugen, dass sie genauso gut das Gemisch zündeten. Die D. M. G. bestellte schon im Herbst des Jahres einen HV-Magneto. In Frankreich ließ Louis Renault ein Automobil mit HV-Magneto beim 1. Grand Prix 1906 teilnehmen, das prompt gewann. Damit war der Bann gebrochen. Währenddessen lief das Geschäft mit den Abreiß-Magnetos weiter glänzend. Ja, man konnte auch bei Niederspannung das Gestänge loswerden, indem man das Abreißen am Zündstift durch eine Magnetspule bewirkte, die man durch eben den abzureißenden Stromstoß aktivieren ließ. Diese Magnetkerze Honolds brauchte also ebenfalls nur ein Verbindungskabel statt des Gestänges, war aber für die immer hochtourigeren Automotoren zu langsam. Sie kam aber noch bei ortsfesten Motoren zum Einsatz, die allerdings mehr und mehr den Elektromotoren Platz machten.

Im Jahr 1902 begann Bosch mit dem Bau eines Wohnhauses in Stuttgarts Hölderlinstraße 7, eines gotisierenden zweigeschossigen Baus des Baurats Jakob Früh, der später zusammen mit Baurat Carl Heim den Ausbau der Fabrik und die Bosch-Villa entwerfen sollte. Das Haus steht noch, wenn auch im Zweiten Weltkrieg zum Teil zerstört. In der Gedächtniskirche an derselben Straße wurden

Ich erinnere mich noch heute, wie er uns Kindern sagte: «Alle Arbeit, wenn man sie recht tut, ist ehrenhaft und wertvoll, und man darf kein Erzeugnis der menschlichen Arbeit mutwillig beschädigen oder verludern.» Wir wurden also sehr dazu angehalten, mit unseren Kleidern und unseren Schuhen schonend umzugehen. Er konnte es auch gar nicht leiden, wenn man unnötig Licht brennen ließ. Das war in der Firma allgemein bekannt.
Dr. Margarete Fischer-Bosch, 1961

Vermutlich von Vater Bosch fotografiert: Robert (links), Gretel
(rechts) und Paula Bosch (Zweite von rechts) mit den Kautsky-
Jungen in Fischen (Allgäu), 1902

1905 die fünfzehnjährige Paula und der vierzehnjährige Robert
konfirmiert – praktischerweise zusammen. Sohn Robert war acht-
jährig vom Karlsgymnasium zur Eugensrealschule gewechselt, wo
er als exzellenter Kopfrechner lange der Primus war. Nach der Aufnahmeprüfung für das Eugensgymnasium sprang er gleich in die
2. Klasse, wo ihm die deswegen fehlenden Lateinkenntnisse die
erste «Tatze» eintrugen. In die Ferien, nach Fischen im Allgäu,
fuhr die Familie Bosch 1902 gemeinsam mit der Familie Kautsky,
die mittlerweile in Berlin ansässig war. In Fischen hatte Bosch eine Jagd erworben: «Abends spielten wir mit den Kautsky-Buben
Theater, immer möglichst große Schauermärchen.» (Bosch jr.
1918) Im Herbst kam Sohn Robert in die 4. Klasse «ganz gut
durch», obwohl die Mutter nicht mehr mit ihm arbeitete. Auch
in den nächsten beiden Ferien ging es wieder nach Fischen, 1904

schon mit einem der beiden Familien-Autos, dem Panhard, aber noch mit Fahrer Wilhelm Scholl. Robert berichtete aus dem nachfolgenden Schuljahr: «Als wir einmal im Deutschen den Taucher von Schiller durchnahmen und ich einen Teil daraus wörtlich wiederholen sollte, konnte ich dies nicht, da ich nicht gut aufgepaßt hatte. Der Lehrer, auch sonst gereizt durch die Allotria, welche die Klasse wie gewöhnlich trieb, packte mich an den Haaren und schlug mich an den Kopf. Dies ereignete sich an einem Samstag. Er hatte mir aber derartige Ohrfeigen gegeben, daß ich am Montag noch Kopfweh hatte. Ich hatte so geweint, daß ich zu Hause mittags gefragt wurde, was los sei. Vater ging nun zum Rektor und beschwerte sich mit dem Erfolg, daß Herr Weller von da an keinen mehr derb anzufassen wagte.» Der sonst nicht gerade unautoritäre Vater solidarisierte sich mit dem Sohn, sobald sein Gerechtigkeitssinn anschlug. Der Sohn beherzigte dafür den Rat des Vaters: *Das Rauchen ist ja kein besonderes Vergnügen und da es keinen Wert hat, rate ich Dir, es zu unterlassen.* In den Ferien 1905 ging es geschäftehalber in den Schwarzwald, denn die Automobile der Ersten Herkomer-Fahrt kamen durch Schönmünzach: «Vater spendete den Fahrern, die seine Apparate hatten, Sekt zur Auffrischung.» (Bosch jr. 1918) Ein Foto zeigt Bosch dabei mit weißem Jackett und Prinz-Heinrich-Mütze – ausnahmsweise einmal nicht in Jäger'scher Wolltrikot-Kleidung.

Die zweite Großtat Honolds war es, Gustav Klein in die Firma zu holen, den er aus seiner Studentenverbindung kannte, denn 1905 stand für Bosch wieder einmal eine Er-oder-ich-Entscheidung an. Simms hatte angeboten, ihm die ganze Zünderentwicklung für 5 Millionen Mark in bar abzukaufen. Bosch wäre den ganzen Ärger mit Simms los gewesen und hätte etwas Neues anfangen, etwa mit dem Schwager Eugen Kayser, oder die Elektro-Installation zum Hauptgeschäft ausbauen können. Um wie ehemals Vater Servatius als Privatier bloß der Jagd nachzugehen, dafür fühlte sich Bosch mit vierundvierzig Jahren noch zu jung. Honold wie Zähringer waren nicht begeistert, hätten aber unter Simms weitergearbeitet, wenn der patente Saxonia-Bundesbruder Gustav Klein dort die Geschäftsleitung übernehmen würde. Klein besuchte Simms und war bereit, die Übernahme hätte also über die Bühne gehen können. Da hatte – zum Glück für Stuttgart und das Schwabenland – der Geschäftspartner Simms die fünf Millionen nicht flüssig. Das Geschäft war geplatzt. Daraufhin heuerte Bosch den dreißigjährigen Junggesellen Klein an – und fühlte sich erstmals im Auslandsgeschäft durch einen anderen entlastet, der keine Arbeit scheute. Bosch begann jetzt, selbst Auto zu fahren, kaufte einen Mercedes-Tonneau 8/28 PS und nahm erfolgreich an einer Zuverlässigkeitsfahrt des Württembergischen Automobil-Clubs teil. Wie viele Zeitgenossen führte er seine Gesundheit aufs Autofahren zurück, denn für den medizinischen Unterschied zum Radfahren gab es noch kein Risikobewusstsein.

Gustav Klein muss ein Tausendsassa gewesen sein, charmant oder knallhart je nach Situation. Bosch liebte seine Art. Klein bewegte Bosch dazu, die Verbindung zum bisherigen Generalvertreter August Euler zu lösen, mit der Folge hässlicher Szenen vor Gericht. Später söhnten sich die Parteien wieder aus, denn Bosch wollte Euler Magnetos für dessen Flugzeuge verkaufen. Dann nahm sich Klein zusammen mit Amerika-Heimkehrer Borst den Problemfall Simms vor. Da Bosch keine Lieferpflicht in die Verträge aufgenommen hatte, zögerten sie die Lieferungen an Simms hinaus, der just einen Großauftrag von Renault erhalten hatte. Rall kündigte gar in Paris. Schließlich fuhr Klein zu Simms und konnte ihn überreden, gegen 600 000 Mark die «Compagnie des Magnétos Simms-Bosch Ltd.» abzugeben, in die Simms seinerzeit gerade einmal 1000 britische Pfund eingebracht hatte. Die Firma hieß nun «Bosch Magneto Ltd.» und bedrängte Simms auf dessen Heimatmarkt. Außerdem setzte man wieder die Taktik der Lieferverzögerungen ein. Bosch fuhr schließlich selbst zu Simms und kaufte sich gegen weitere 17 000 Pfund auch in England frei. Simms behielt eine freie Lizenz auf alle bisherigen Patente, musste aber auf den Markennamen Bosch verzichten. Er hatte mittlerweile den Fehler begangen, mit einer eigenen Motoren- und sogar Automobil-Produktion (Simms-Welbeck) seinen Magneto-Kunden Konkurrenz zu machen. Simms versuchte noch in den USA Magnetos zu produzieren, was aber nach wenigen Jahren mit dem Konkurs endete. Denn dort baute ab 1906 der weltläufige Klein den Vertrieb auf und ließ schließlich 1910 in Springfield, Massachusetts ein Bosch-Werk in Eisenbeton-Bauweise durch den Architekten Albert Klein (seinen Bruder) errichten, das der Freund Otto Heins leitete.

Klein baute sich einen Landsitz in Allensbach am Bodensee mit Bootshaus und später mit Hangar für ein Wasserflugzeug (Gebäude erhalten). Bei Teinach im Schwarzwald errichtete er zudem ein Landhaus mit Wasserrad – zum Antrieb einer Klimaanlage! Eine Fahrt mit Klein beschrieb der Redakteur Mr. Paul im britischen Branchenjournal «The Motor», der 1912 im Urlaub das Stuttgarter Bosch-Werk besuchte: «Gustav Klein, ein idealer Gastfreund, war Herrn Boschs rechte Hand – der Kanzler des Boschunternehmens. Ein Mann von enormer Energie, aber mit all der Last und Verantwortlichkeit dieses Riesengeschäftes auf seinen Schultern bewahrte er die gutmütige Liebenswürdigkeit, wie sie der kleine Mann am Feiertage zeigt. Berufsarbeit war Herrn Klein wie erfrischende Seeluft, und wenn er die Fabriksorgen beiseite lassend dazu kam, sein Landhaus am Bodensee zu besuchen, war der jugendliche Mut des Mannes unbezähmbar. Auf einem 60pferdigen Napier rasten wir die 100 und etliche Meilen dahin, welche die Zone der Arbeit von derjenigen des Vergnügens trennten. Auf langen schlechten Bergstraßen fauchte der Napier, und manches Mal stockte mir der Atem, wenn der dämonische Fahrer nur auf zwei Rädern um die Ecke sauste. Die Ruhe kleiner deutscher Landstädtchen wurde durch Kleins Klaxonhorn in ein Höllenspektakel verwandelt. Obgleich wir rasten, bis wir zweimal während der Fahrt gezwungen waren, die Reifen mit Wasser zu kühlen, sei zu seinen Gunsten gesagt, daß wir bei unserem Dahinfliegen nicht ein einziges Küken überfuhren. Als ich an den Ufern des schönen Bodensees anlangte, fand ich einen Landsitz vor, ein praktisch gebautes Landhaus mit Garage, elektrischer Anlage nebst Motorboot und besonders angelegtem Hafen. Diese Deutschen mögen hart arbeiten, aber sie verstehen auch zu genießen. Als wir diese Nacht beisammen saßen und uns mit dem Inhalt von Kleins Weinkeller beschäftigten – und wahrlich gut war dieser Rotwein –, da erzählte er mir von Deutschlands Fortschritt im Benzolwesen. […] Ungefähr ein halbes Dutzend Meilen von da, wo ich diese Nacht schlief, waren die Zeppelinwerke beschäftigt, ihre todbringenden Luftdrachen herauszubringen. Klein erzählte mir, er hätte fliegen gelernt und erwarte in ungefähr einem Monat ein Wasserflugzeug.» («The Motor», 27. 8. 1912, damals übersetzt, Bosch-Archiv) Das Fliegen hatte ihm der Stuttgarter Fabrikantensohn Hellmuth Hirth beigebracht.

Im Jahr 1907 besuchte laut Biograph Heuss Frau Anna Bosch eine Ausstellung des zweiunddreißigjährigen Malers Fritz Zundel in der «Stuttgarter Secession» und fasste den schicksalhaften Entschluss, die Kinder von ihm malen zu lassen. Dies sollte ihrem gerade sechsundvierzigjährigen Mann Robert einen herben Generationskonflikt mit ungeahnten Folgen bescheren. Denn unter Zundels Einfluss wurden die bald neunzehnjährige Gretel und die noch siebzehnjährige Paula zu radikaleren Sozialistinnen, als es ihr nun eher liberaler Vater jemals gewesen war, während der sechzehnjährige Robert wohl unbeeindruckt blieb. Die Geschichte könnte sich aber auch anders zugetragen haben. In der 1909 gebauten Bosch-Villa hing das großformatige Bild «Feldarbeiter» von Zundel; laut einem Artikel in der «Schwäbischen Kunstschau» war dieses schon lange vor deren Bau gekauft worden. Zundel war im «Stuttgarter Künstlerbund» aktiv und erregte großes Aufsehen auf dessen Weihnachtsausstellung 1906. Höchstwahrscheinlich hatte Bosch selbst das Gemälde bei dieser Gelegenheit erstanden. Er war also der Kunstkäufer, nicht seine Frau; also war womöglich auch das Porträtieren der Kinder seine Idee gewesen.

Der sozialistische Maler Zundel war zu dieser Zeit bereits acht Jahre mit der achtzehn Jahre älteren Klara Zetkin verheiratet und wohnte mit ihr und den beiden Stiefsöhnen im eigenen Haus mit Atelier in Sillenbuch außerhalb von Stuttgart. Das Personal des Hauses bestand aus einer Haushaltshilfe und einer Sekretärin. Um von dort nach Stuttgart zu kommen, kaufte Zundel 1907 dank der Bosch-Honorare ein

Der Maler Fritz Zundel (1875–1948) (links) und der Redakteur Fritz Westmeyer (1873–1917) im Sillenbucher Waldheim, 1909

Klara Zundel-
Zetkin vor
dem Sillen-
bucher Haus
der Zundels

Automobil und stellte einen Fahrer an. Für ihre politischen Aktivitäten musste die Zetkin, Redakteurin der sozialistischen Frau-
enzeitschrift «Gleichheit», oft zum Stuttgarter Bahnhof gebracht
und dort wieder abgeholt werden. Man lebte also wie das gehobene
Bürgertum; die Söhne hatten fechten gelernt. Im Hause Zundel-
Zetkin fanden gesellige Abende statt, es wurden Liedervorträge
organisiert. Die Stuttgarter Sozialdemokratin Anna Blos erinnerte
sich: Wer Klara Zetkin in Sillenbuch als liebenswürdige Gastgebe-
rin kennenlernte, habe sich kaum vorstellen können, dass diese
Frau die Todfeindin der bürgerlichen Gesellschaft war, als die sie
sich selbst gern bezeichnete.

Zetkin durchbrach die saubere Trennung zwischen Proletariat
und Klassenfeind nur dann, wenn dies aus konspirativen oder prag-
matischen Gründen nützlich war (Puschnerat 2003). So muss man
auch ihren Kontakt zur «preislichen Zunft der Millionäre» wie
Bosch sehen, nicht etwa dass sie dort ein und aus ging. Um Flücht-
linge nach dem Moskauer Aufstand von 1905 unterzubringen, setzte sie sich bei Bosch dafür ein, dass sie in seinem Betrieb Arbeit
fanden. Später erwirkte sie bei Bosch einen Kredit für den Offen-
burger Parteigenossen und Drucker Adolf Geck, der sich beklagte,
dass die örtlichen Sparkassen aus politischer Gegnerschaft ihm kei-

nen gäben. Geck betrachtete diesen Kredit allerdings als zinsloses Darlehen vom «roten» Bosch, sodass der seinen Privatsekretär anwies, per Anwalt die Summe mit Zinsen wieder einzutreiben.

Die Töchter Bosch wurden wohl in den Schulferien 1907 porträtiert, um den Schulerfolg nicht zu gefährden. Je ein Porträt und eine Darstellung als Dreiviertel-Figur sind noch erhalten. Robert sollte erst in den Sommerferien 1908 gemalt werden, in dieser Zeit wollte man wieder zusammen mit Familie Kautsky aus Berlin Urlaub machen, dieses Mal im

Karl und Luise Kautsky

neuerworbenen Jagdgebiet mit Jagdhaus «Kasten» im Karwendelgebirge nahe Scharnitz. Doch kurz zuvor kam es in Stuttgart zum Bruch mit den Kautskys – eine Autofahrt mit Folgen. Der Briefwechsel dazu ist im Nachlass Kautskys in Amsterdam erhalten. Sillenbuch hieß damals noch «Wilhelmshöhe-Degerloch». Am 14. Juli schrieb Robert Bosch an Luise Kautsky:

Geehrte Frau Kautsky!
Ich muß Ihnen leider einen Brief schreiben, den ich lieber nicht schreiben würde.

Sie haben in Degerloch in Gegenwart Paulas gesagt, es sei bei uns verboten gewesen, für Ihre Söhne Beerenobst im Garten zu pflücken. Meine Frau hat im Gegensatz zu dieser Aussage das Pflücken von Beerenobst freigegeben und hat nur ersucht, nicht von allen Stöcken zu nehmen, sondern den einmal angefangenen auch wieder zu benutzen. Es ist diese Erklärung gegeben worden derart, daß ein Mißverstehen unmöglich ist.

Dies war das kleinere Vergehen, gravierender schon das folgende: *Des weiteren haben Sie gesagt, mein Mechaniker Scholl habe geschimpft und Angst gehabt, weil er habe die Alte Weinsteige fahren müssen. Sie haben auf Vorhalten von Seiten Paulas gestern zugegeben, daß das nicht richtig sei, wenn aber Paula nicht zugunsten Scholls aufgetreten wäre, wäre auf diesem ein Vorwurf sitzen geblieben, und zwar ein für einen anständigen Menschen sehr unangenehmer Vorwurf. Ich habe die Gewohnheit, mich in meinen Leuten beleidigt zu fühlen, und ich nehme Ihnen das geschilderte Benehmen übel.*

Darüber, ob Sie es zulassen durften, daß Scholl den Weg fuhr, nachdem Sie offenbar doch das Gefühl hatten, Scholl wolle den ihm zum mindesten nicht ratsam erscheinenden Weg nicht fahren, wollen wir uns nicht auseinandersetzen. Es ist dies schließlich Geschmacksache. Der Weg ist übrigens verboten, und es kann eine Polizeistrafe nachfolgen, deren Odium auf mir lastet, und ich habe es bisher verstanden, nicht bestraft zu werden. (Bosch 1908)

Dann führt er noch aus, dass sich die Kinder nicht mehr miteinander verstünden, Fritz Zundel Paulas Bericht bestätigt habe und man die Beziehungen besser beende. Die Töchter konnten wohl auch deshalb nicht mehr mit den Kautsky-Jungen (Carl, Felix, Benedikt), weil sie mittlerweile im Besitz des viel aufregenderen Sozialismus der Zundel-Zetkins waren, verglichen mit dem revisionismusverdächtigen Sozialismus der Eltern Kautsky. Die Alte Weinsteige ist eine Steilstraße, auch heute nur aufwärts zu befahren erlaubt, an deren Bergseite schon damals die einzigartige Zahnradbahn «Zacketse» zum Ort Degerloch hochfuhr.

Luise Kautsky antwortet aus Zürich, dass sie Fahrer Scholl freigestellt habe, umzukehren, und dass sie eine gewisse Beschränkung der Pflückordnung sehr natürlich und gerechtfertigt finde. Auch sie habe beobachtet, dass Gretel und Robert nicht nur ohne die geringste Freundlichkeit, sondern fast feindselig den Kautskys entgegengetreten seien und sie selbst sich im Hause Bosch diesmal keine Minute wohlgefühlt habe. Sie teile daher die Ansicht, dass der Verkehr besser abgebrochen werde. Karl Kautsky setzt hinzu, dass die Anschuldigungen für ihn unbegreiflich seien und er sie mit vollster Entschiedenheit zurückweise. Die alte Freundschaft zwischen den Mietern in der Moltkestraße war wohl rettungslos dahin, seit die arrivierten Boschs im eigenen Haus wohnten. Geht man fehl in der Annahme, dass dieser Bruch auch eine Abkehr Boschs von der sozialistischen Theorie bedeutete und die Kündigung seines Abonnements von Kautskys Zeitschrift «Neue Zeit» nach sich zog? Bosch begegnete nach Kriegsende in der Industrie-sozialisierungskommission und dann 1920 dem von Frau Luise verlassenen Kautsky im Reichswirtschaftsrat wieder, und dieser gratulierte Bosch zum 75. Geburtstag. Karl Kautsky starb 1938 im Amsterdamer Exil, Luise Kautsky 1944 in Auschwitz.

Robert Bosch jr. übergeht in seinen Erinnerungen diesen Zwischenfall: «Ich wurde dann in diesem Sommer gemalt. Ich schlief damals bei Herrn Zundel. Während meines dortigen Aufenthalts kam ich mit verschiedenen Leuten zusammen. […] Lilly Gerok war auch viel droben. Eines Sonntag-Nachmittags machten wir eine große Apfelschlacht, an der auch Herr Zundel teilnahm. Ich stand einmal sehr nahe auf Herrn Zundel und hielt einen Apfel zurück, weil es mir nicht tapfer vorkam, so nahe zu werfen. Herr Zundel warf mich aber direkt unter den Arm. Gut getan hat es aber nicht, obgleich ich nicht gerade kampfunfähig wurde. […] Als mein Bild fertig war, fuhren wir mit dem Auto nach Scharnitz. Wir vesperten in Augsburg, bis wohin wir auch Kostia mitnahmen. In Scharnitz traf ich meine Mutter und Schwestern und marschierte dann am Nachmittag in den Kasten [16 km].» (Bosch jr. 1918)

Es war offenbar schon ausgemacht, dass Zundel mit Robert dorthin fahren und dabei Stiefsohn Konstantin Zetkin bis Augsburg mitgenommen werden sollte. Doch hatte der Maler zunächst noch Hemmungen, bei den Boschs im Urlaub aufzukreuzen. Beleg ist ein Brief, adressiert an Gretel und Paula Bosch und mit Zundels Petschaft versiegelt.

26. August 1908
«Liebe Kameraden,
Herzlichen Dank für Eure verschiedenen Kartengrüße, die mich geziemend erfreuten. Leider werden wir bis zum Sonntag noch nicht kommen können, da ich höchstwahrscheinlich noch den ganzen Sonntag am Bild zu arbeiten habe. Nur ehe ich nicht halbwegs mit der Arbeit zufrieden bin, komme ich nicht, da ich sonst keine ruhige Stunde hätte. […]

Höchstentwickelte Form ist eben in der Kunst vollentwickeltes, geoffenbartes Wesen. Ihr versteht hoffentlich das Filosofen-Deutsch, womit natürlich nicht gesagt sein soll, daß ich ein «Filosoff» bin. Denn das Wesen, nennt es nun Geist, Seele, Maschine oder was Ihr wollt, kann nur durch Begriffe gefaßt werden, nur der Begriff in der Kunst ist rein die Form. Das ist zur Zeit meiner Weisheit letzter Schluß. Die höchste Kunst ist weiter gar nichts als das dargestellte Selbstbewußtsein der natürlichen und sozialen Natur. Denkt einmal über die Sätze nach, rein für sich denken, ich will sehen, ob ihr sie voll begreifen könnt in dieser Form, oder ob ich mich noch mehr darüber verbreiten muß. Ich will Euch gewissermaßen als Versuchsobjekt, als Volk, für mein Opus, das ich auf etliche Jahre jetzt liegen lasse, benutzen.

Nichts für ungut darum. Ich kam nur durch ziemlich eingehendes Studium Hegels und Marxens zu meiner neuesten Weisheit. Doch davon jetzt genug.

Nun möchte ich Euch eine brenzlige Frage tun und ich bitte Euch inständig, mir eine absolut ungeschminkte Antwort kurz nach meinem Eintreffen zu geben: Ist mein Besuch Euren Eltern wirklich willkommen? Macht es Euch absolut nichts aus, ein paar Tage einen Fremden in Eurem engsten Familienkreis zu haben? Bedenkt, Ihr habt Robert so lange nicht gesehen. Ich werde das Gefühl nicht los zu stören, einen leisen fremden Ton in Eure Familie zu tragen. Und das möchte ich jetzt, wo Ihr in den Ferien zum Ausruhen seid, um keinen Preis. Ich fordere wirklich nur Eure Freundschaft, daß Ihr in diesem Punkt aufrichtig gegen mich seid.

Ich könnte mich ja ganz gut in Scharnitz aufhalten oder sonstwie in Eurer Höhe immer jeden Tag ein paar Stunden mit Euch verbringen, auch die schönsten Ausflüge mit Euch machen und die dümmsten Gespräche führen, wenn's gewünscht wird. Euer Vater hätte zum Beispiel sicher viel lieber einen angenehmen Jagdgast eingeladen, von dem er viel mehr gehabt hätte als von mir. Das gleiche gilt für Eure Mutter. Ihr habt doch eine Masse angenehmer Menschen, besonders Vettern, die Euch doch viel näher stehen als ich. Ihr wißt, daß Ihr mit mir ganz offen reden, oder noch besser, ein paar aufrichtige Zeilen nach Scharnitz schreiben könnt, wo wir frühestens Montag, spätestens Dienstag einzutreffen gedenken. Je besser wir unsere Verhältnisse regeln, desto angenehmer für sie. Ihr wißt, daß es weder Bescheidenheit noch Stolz ist, daß ich Euch dies alles schreibe; sondern einfach jenes leise, fast unerklärliche Gefühl, jene Scheu, Euren intimen Familienkreis, der sich mit Robert erst schließt, zu stören.

Sonst freue ich mich ganz unbeschreiblich, die paar Tage auf den Höhen in seligem Nichtstun zu verbringen. [...] Ich brauche für den September eine riesige Konzentration, ich will in diesem Werk meine ganze ruhige, feste Kraft, die ich mir in den langen Jahren erworben, an der alles zerschellen muß, was mich bedrückt, gestalten. Doch nun Schluß.

Mit den besten Grüßen zum Sonntag

Für Eure Eltern und Euch

Euer F. Zundel» (Zundel 1908)

Der Besuch ging offenbar in Ordnung. Zundel blieb eine Woche bei den Boschs im einsamen «Kasten» nahe den Isarquellen, ließ seinen Chauffeur Dieterle das Auto zurückfahren und wanderte dann zu Fuß zurück nach Stuttgart. Das Opus, auf das er sich im September konzentrieren wollte, wurde nach journalistischem Feinschliff durch Klara Zetkin erst 1911 unter ihrem Namen veröffentlicht, der Aufsatz «Kunst und Proletariat», der Lenins Kunstverständnis beeinflusst haben soll (Zundel 2006), welch Letzterer 1907 in Sillenbuch zu Besuch war. Ein bisschen war dieser mit rotem Siegellack versiegelte Brief aber auch ein Test, ob die Eltern Bosch das Briefgeheimnis der minderjährigen Töchter respektieren würden. Offenbar ja, denn der Arbeitermaler, Wanderer zwischen den Generationen und mit Klara Zetkin verheiratet, sandte – unter den Augen der Eltern – weiterhin versiegelte Briefe in die Sommerfrische, nun adressiert an die achtzehnjährige Paula alleine: Liebesbriefe!

Paula Bosch, um 1907

Die Expansion der Firma Bosch im ersten Jahrzehnt des neuen Jahrhunderts kann nur als atemberaubend bezeichnet werden. Die Aufgabenteilung unter den neuen «Beamten», wie man damals zu den leitenden Angestellten sagte, zeigte Wirkung. Überall entstanden Niederlassungen, in Frankreich, England und den USA sogar Zweigwerke. Das Firmenareal in Stuttgart platzte aus allen Nähten, weshalb im Vorort Feuerbach ein neues Gelände erworben wurde, auf dem zuerst das Presswerk entstand, das die Firma von den Magnetlieferanten unabhängig machen sollte. Schwager Eugen Kayser kam in die Firma und übernahm die Leitung dieser

Das Wachstum der elektrotechnischen Fabrik Robert Boschs

1901	45 Mitarbeiter, Ingenieur: Gottlob Honold
1902	77 Mitarbeiter (32 Werkzeugmaschinen)
1903	145 Mitarbeiter (98), Hochspannungs-Magnetos
1904	283 Mitarbeiter (188), deutscher Verkauf über August Euler
1905	472 Mitarbeiter (276), wegen der Aufträge zwei achtstündige Schichten
1906	Gustav Klein Direktor, Achtstundentag eingeführt, US-Niederlassung gegründet
1907	944 Mitarbeiter (655), in Paris Umwandlung der Simms-Bosch-Firma zu The Bosch Magneto Co. Ltd.
1908	1103 Mitarbeiter (789), nach Simms' Ausscheiden jetzt Société des Magnetos Bosch
1909	2060 Mitarbeiter (1387), Entwicklung der Bosch-Öler
1910	3002 Mitarbeiter (2034), Errichtung des Presswerks Feuerbach
1911	3532 Mitarbeiter (2415), Installation von Stromnetzen in Oberschwaben, USA-Werk in Springfield, Mass.
1912	4500 Mitarbeiter (2650), millionster Magneto gefertigt
1913	Streiks, erster Anlasser, Scheinwerfer und Lichtmaschine gehen in die Fertigung
1914	4726 Mitarbeiter (3800), Lazarett im Feuerbacher Werk
1915	zweimillionster Magneto gefertigt, Gründung des Versuchsbau Gotha Ost
1916	Heereslieferungen, Lazarett aufgehoben
1917	Gustav Klein stirbt nach Flugzeugabsturz, Umwandlung in Robert Bosch AG, Bosch-Metallwerk AG und Elektra Installations-GmbH
1918	453 Mitarbeiter gefallen, Verlust aller Auslandswerke und -patente, Isolitwerk für Isolierstoffe eröffnet, Umstellung auf Friedensproduktion

Der «Lippsche Bau», Urzelle des Feuerbacher Bosch-Werks

später «Metallwerk» genannten Fabrik, aber erst nachdem Gustav Klein nach einer mit ihm durchzechten Nacht sein Plazet gegeben hatte – in vino veritas. Mit weiteren Werken überflügelte das Feuerbacher Areal bald die Stuttgarter Stammfirma.

Doch die Konkurrenz schlief nicht. Ernst Eisemann & Co. in Stuttgart kam mit einem Hochspannungs-Magneto plus Zündspule nach eigenem Patent heraus und belieferte über Niederlassungen Europa und die USA. Besonders werbewirksam war dessen Verwendung in den Wright-Aeroplanen, mit denen dann Orville Wright 1909 in Europa Flugdemonstrationen veranstaltete. Der

Bosch und Schwager Kayser

In Radolfzell erwartete uns ein Motorboot, das uns auf die Reichenau brachte. Hier übernachteten wir und sahen Herrn Prof. Wagner [Architekt], mit dem wir am anderen Tag nach Allensbach fuhren in einer Gondel. Dort besichtigten wir zunächst das Haus von Herrn Klein und fuhren dann mit dem nachgekommenen Motorboot nach Mannenbach. Die Gondel schleppten wir hinten nach an einem Seil. In der Gondel saß Onkel Eugen. Vater zog nun sein Jagdmesser, zeigte es Onkel Eugen und sagte: «Siehscht, Eugenle!» – nach einigen Augenblicken schnitt er Onkel Eugen ab. Der hatte, da das Motorboot anzog, kaum Zeit zum Schimpfen, da waren wir schon weg. Wir landeten, und das Motorboot ging wieder in See, um Onkel Eugen zu holen.
Robert Bosch jr. 1918

deutsche Kronprinz Friedrich Wilhelm flog in Berlin wagemutig als Passagier mit, obwohl in den USA bei einem Absturz schon ein Passagier tödlich verunglückt war. Den atemlosen Zuschauern mag die Schreckensvision durch den Kopf gegangen sein: Wenn jetzt die Zündung aussetzt! Aber der Eisemann-Magneto setzte nicht aus, und der Aeroplan samt Kronprinz landete wohlbehalten. 1923, in der Inflation, machten die Banken als Aktionäre der Eisemann AG Probleme, worauf der Kompagnon vorschlug, sich unter die Fittiche der Firma Bosch zu begeben, was 1924 zunächst inoffiziell geschah. Lange stand die Marke Eisemann in der Bosch AG noch für Stromaggregate.

Ein ehemaliger Meister der Firma Bosch, Gustav Unterberg, kopierte um 1905 mit seiner Firma Unterberg & Helmle in Karlsruhe-Durlach die Hochspannungszündung Honolds. Bosch wollte diese Firma verklagen, worauf Unterberg & Helmle gegen das HV-Magneto-Patent von Bosch Nichtigkeitsklage androhten, denn sie hatten ärgerlicherweise das 1888 erteilte Patent von Paul Winand wiederentdeckt. Da es unter der Rubrik «Elektrische Apparate» eingeordnet war statt unter «Einzelheiten von Brennkraftmaschinen», war nicht mal das Patentamt auf das Vorgängerpatent gestoßen. Was blieb Bosch anderes übrig, als auf den Erfahrungs- und Fertigungsvorsprung zu bauen, den er beim HV-Magneto gegenüber der Konkurrenz besaß? Hugo Borst erinnerte sich: «Honold kam eines Tages zu mir und sagte: ‹Jetzt können Sie mich heißen, was Sie wollen und behaupten, ich hätte meine Konstruktion des Hochspannungsapparats gestohlen. Hier habe ich eine Patentschrift, in der genau das Gleiche und für den gleichen Zweck schon vor siebzehn Jahren patentiert worden ist. Der Mann [Paul Winand] ist nur zu früh draufgekommen, als noch kein Bedarf für seine Erfindung war!› Darnach war die Frage patentrechtlich keineswegs unklar. Unterberg & Helmle konnten sehr wohl das Patent zu Fall bringen und haben das in den Verhandlungen auch höhnisch genug unterstrichen. An einem Freiwerden hatten sie aber selbst auch kein Interesse, denn auch sie wollten ja die bis dahin von Bosch kopierten Hochspannungsapparate weiterhin, ohne allgemeine Konkurrenz, herstellen und verkaufen. So hat man sich nach meiner Erinnerung dahin geeinigt, daß die Anfechtbarkeit zwischen den beiden Firmen geheim blieb und Unterberg & Helmle von Bosch eine Freilizenz bekam. Mit dieser meiner Meinung deckt sich auch noch die Erinnerung, daß wir später immer wieder Briefe von Geschäftsfreunden erhielten, die Unterberg & Helmle als Patentverletzer bei uns verklagen wollten. Wir haben dann jedesmal für solch freundschaftliche Hinweise herzlich gedankt.» (Borst 1944) Also ließ Bosch das Patent wohl nicht erlöschen.

Schließlich gab es noch die einschlägige Feuerbacher Firma MEA, gegründet von Max Rosenfeld und Max Wild offensichtlich mit dem Hintergedanken, irgendwann von Bosch aufgekauft zu werden. Diesen Gefallen tat Bosch den Gründern aber nicht, die Firma wurde später von der AEG geschluckt. Wegen der Erweiterungsmöglichkeiten in Feuerbach wurde 1928 die MEA-Fabrik schließlich doch erworben, jetzt eben vom Besitzer AEG.

Für den weiteren Verlauf der Firmengeschichte ist es fast einfacher, das zu nennen, was die Firma Bosch nicht tat, als die Vielzahl dessen zu beschreiben, was sie tat. Als Folge der Konzentration auf Automobilzubehör wurden in den 1920ern die Installationsabteilung und ein Kraftwerk in Munderkingen abgegeben. Der Schweizer Meister Otto Schaerer im Hause hatte ein Patent auf eine Hinterdrehbank und wollte sie mit Bosch produzieren. Als Ausgründung entstand das Schaerer-Werk in Karlsruhe, das dann an Bosch Werkzeugmaschinen lieferte. Der Ingenieur Eugen Woerner konnte Bosch für eine weitere Innovation beim Automobilzubehör interessieren, den Öler, besser bekannt unter dem Namen «Zentralschmierung»: Eine Fett- oder Ölpumpe schmierte über Rohrleitungen alle neuralgischen Punkte. Doch nur die Firma Horch und die Tatra-Werke griffen zu. Woerner verließ 1922 Bosch und gründete die Woerner-Öler-Werke, die bis heute Zentralschmieranlagen produzieren und in den 1930ern einen neuartigen Trethebel-Antrieb für Fahrräder entwickelten. Aber auch Bosch gab den Öler nicht auf, und es fanden sich andere Einsatzgebiete: Die Lokomotiven der Reichsbahn, Schiffsdiesel und Stationärmotoren benötigten Zentralschmieranlagen. Und die bei Bosch entwickelte Diesel-Einspritzpumpe konnte in den 1920ern auf dem dabei erworbenen Know-how aufbauen.

Den Auftragsboom für HV-Magnetos bewältigte man bei Bosch mit der Arbeit in zwei achtstündigen Schichten. Zum zwanzigsten Firmenjubiläum 1906 hatte Bosch den Achtstundentag eingeführt – als erster Betrieb im Königreich Württemberg und dritter im Deutschen Reich, sechs Jahre nach Ernst Abbés Zeiss-Werken in Jena und ein Vierteljahrhundert nach Heinrich Freeses Jalousien- und Holzpflasterfabrik in Hamburg. Den ihn anfeindenden württembergischen Unternehmern, denen der Reformer seitdem als «der rote Bosch» galt, hielt er entgegen, dass er dadurch letztlich niedrigere Stücklohnkosten erreiche. Nach eigenem Bekunden war Bosch nie Mitglied der Sozialdemokratischen Partei, er habe aber in seiner *Verzweiflung am Bürgertum* (Bosch 1921, S. 26) mit ihr sympathisiert, Wahlkampfspenden gegeben und sie stets gewählt. Als bei einer Reichstagswahl der bürgerliche Kandidat in Stuttgart durchfiel, wurde Bosch unterstellt, er habe von langer Hand sozialistische Arbeiter in den Wahlkreis Stuttgart gebracht und der SPD große Zuwendungen gemacht.

Ohnehin hatte sich die politische Landschaft im Königreich seit den Anfangsjahren der Bosch-Werkstätte verändert. Nach dem Fall der Sozialistengesetze hatten auch große Gewerkschaften ihren Sitz ins relativ liberale Königreich Württemberg verlegt, der Deutsche Metallarbeiter-Verband, der Holzarbeiter-Verband und andere. Allerdings gab es im Land unter den Arbeitern eine stattliche Anzahl so genannter Arbeiterbauern, die in ihren Dörfern noch kleinen Grundbesitz hatten, da infolge des Prinzips Realteilung in Württemberg der Grundbesitz nicht auf den Erstgeborenen allein überging, sondern unter allen Erben geteilt wurde. In den Großbetrieben der Städte Stuttgart und Esslingen arbeiteten aber auch zugewanderte Landarbeiter, vor allem aus Oberschwaben, die keinerlei Grundbesitz hatten. Den unterschiedlichen sozialen Lagen entsprechend gab es innerhalb der Arbeiterbewegung einen revisionistischen und einen klassenkämpferischen Anteil, was letztlich zu einer Spaltung auch der Sozialdemokratischen Partei führte. Die harte Auseinandersetzung mit den Revisionisten in der SPD, die den derzeit existierenden Staat nicht grundsätzlich in Frage stellten, füllte auch die Seiten des Presseorgans der württembergischen Arbeiterbewegung, der «Schwäbischen Tagwacht», der Bosch vor Jahren eine Hypothek gewährt hatte (Bosch 1921, S. 26). Seit Ankunft des neuen Redakteurs Fritz Westmeyer ging diese entschieden auf klassenkämpferischen Kurs. Das Landhaus Zetkin-Zundel wurde zum Treffpunkt der klassenkämpferischen

Speerspitze im Königreich Württemberg. Noch während seiner Redakteurszeit rief Westmeyer das zweite Stuttgarter «Waldheim» ins Leben, um für die minderbemittelte Bevölkerung, insbesondere für die Arbeiterschaft, Erholungsorte zu schaffen. Damit sollten die Arbeiter von den Gasthäusern ferngehalten und zusammen mit ihren Familien ins Grüne gelockt werden. Zundel half mit, er suchte in Sillenbuch ein Grundstück und verhandelte den Kauf. Robert Bosch spendete auch für Waldheime, vermutlich just für das Sillenbucher, da Zundel seine Bekanntheit mit Bosch seit dem Malauftrag zur Spendenwerbung genutzt haben dürfte.

Im Jahr 1910 stiftete Bosch der Königlich Technischen Hochschule Stuttgart die stattliche Summe von einer Million Mark *zur Pflege und Förderung der physikalischen Grundlagen der ausführenden Technik* (Maschinenbau, Elektrotechnik, Bauwesen) durch Fortbildung und Unterricht. Rektor Nagel in Ulm hatte seinem Schüler also doch dauerhaft das Interesse für Physik einpflanzen können. Die Hochschule verlieh Bosch daraufhin den Dr. ing. ehrenhalber, was ihm zunächst nicht recht war, denn er wollte keinen Titelkauf unterstellt bekommen. Im selben Jahr führte die Firma als eine der ersten den arbeitsfreien Samstagnachmittag und eine nach Betriebszugehörigkeit abgestufte Urlaubsregelung ein.

Ein Jahr später wurde der repräsentative Neubau des Bosch-Landhauses mit umgebendem Park auf der Stuttgarter Gänsheide fertig, einer Hanglage mit Blick ins Neckartal. Die Hausarchitekten Heim und Früh hatten eine dreistöckige, fast würfelförmige Villa mit Turm in antiker Formensprache entworfen. Die Fassaden wie auch die Plastiken im Park trugen die Handschrift des Bosch'schen Hauskünstlers Franz Boeres, der übrigens auch die Grabmale der Familie gestaltete. Im Souterrain fielen ein Laboratorium für Vater und Sohn – bei Heuss ein «Bastelzimmer» – und eine Dunkelkammer für die fotografierenden Familienmitglieder auf. Die Einrichtung des Esszimmers gestaltete der Jugendstil-Architekt Bruno Paul. Im zweigeschossigen Treppenhaus waren die Jagdtrophäen des Hausherrn angebracht, hier wie auch in allen Räumen der Beletage hingen die neuen Bilder der Kinder sowie diejenigen der Großeltern und auch vom Hausherrn erworbene Gemälde schwäbischer Künstler, darunter der «Landarbeiter» von Fritz Zundel oder der «Stuttgarter Bahnhof im Schnee» des Spätimpressionis-

Die Bosch-Villa in der Stuttgarter Heidehofstraße

ten Hermann Pleuer. Als Erste zogen 1911 die beiden Töchter Gretel und Paula ein, denn die Eltern machten mit Sohn Robert eine Reise in die USA, um das neue Werk der Bosch Magneto Company in Springfield im Staat Massachusetts zu besichtigen.

In einem Klub in Springfield einquartiert, machte Sohn Robert eine merkwürdige Entdeckung: «Wenn man eine eiserne Leitung berührte, bekam man einen elektrischen Schlag. Darob war allgemeine Verwunderung. Wir kamen aber nicht auf des Rätsels Lösung» – wahrscheinlich entstand durch das Gehen auf Teppichen Reibungselektrizität, die sich im Kontakt mit einem geerdeten Leiter entlud. Auch Kunden und Lieferanten wurden besucht: die Motorradfabrik Indian, die Pierce-Autowerke in Buffalo beim Niagara-Wasserfall und in Cleveland die Cleveland-Automatic, die White-Fabrik sowie Warner & Swethey. In Letzterer wies der die Besucher führende Ingenieur den zwanzigjährigen Robert darauf hin, dass er es nicht liebe, wenn man auf den Boden spucke. Weiter ging es zu den Overland-Werken in Toledo, nach Detroit und in

Chicagos Fleischfabriken. Die Fabriken von Henry Ford standen offenbar nicht auf dem Besuchsprogramm (erst 15 Jahre später holte Direktor Max Rall den Besuch nach), denn Fords Volksautos besaßen ein eigenes Zündsystem mit Magneten im Schwungrad. Schließlich ging es noch in die Stahlwerke und das Carnegie-Museum in Pittsburgh sowie nach Washington in die Oper. Sohn Robert zeigte auf dieser Reise erste Anzeichen einer Krankheit, die sich in Muskelschwäche und Doppeltsehen äußerte und später als Multiple Sklerose diagnostiziert wurde. Schon als Praktikant in der väterlichen Firma hatte er wegen seiner Sehschwäche eine Drehbank ruiniert und daraufhin das Praktikum abgebrochen. Nach zwei Semestern Studium verschlechterte sich sein Zustand derart, dass er auch nicht mehr die Technische Hochschule besuchen konnte. Er war seit 1913 auf den Rollstuhl angewiesen und wurde zu Hause von Assistenten der Hochschule unterrichtet. Die Mutter Anna Bosch begleitete den Sohn bei seinen häufigen Kuren in Badeorten.

Der Sohn Robert Bosch mit seinen Betreuerinnen im Garten der Villa

Wie überall im Deutschen Reich hatte sich auch in Württemberg der Konflikt zwischen Revisionisten und Marxisten noch weiter verschärft. In den Grundfragen wie Ehrerweisung beim König, Zustimmung zum Haushalt, Stellung zu Imperialismus und Krieg, Klassenkampf oder Burgfrieden konnte es keinen Konsens geben. In Pressepolemiken zwischen der linken «Schwäbischen Tagwacht» und dem bürgerlichen «Beobachter» wurde der Konflikt offen ausgetragen. Redakteur Fritz Westmeyer wurde zwar nach fünf Jahren aufgrund redaktioneller Diskrepanzen entlassen, doch dann als Sekretär des SPD-Kreisverbands angestellt und in den württembergischen Landtag gewählt. Seine Nachfolger bei der «Tagwacht» waren nicht minder fundamentalistisch und wurden gegen Vereinnahmungsversuche durch den revisionistischen SPD-Landesvorstand von einer eigens gebildeten Pressekommission gestützt, in der Klara Zetkin und Westmeyer das Sagen hatten. Nach dem Aufstand in Moskau 1905 hatte Rosa Luxemburg, Dozentin an der Parteihochschule der SPD in Berlin, die Idee des Massenstreiks aufgebracht, womit die Arbeiter direkt in die Politik eingreifen sollten. Kautsky wollte dies nur als Ultima Ratio gelten lassen, und die Gewerkschaftsführer waren strikt dagegen. Auch hier preschten die Stuttgarter Marxisten mit einer Resolution vom Mai 1913 weit vor, in der sie forderten, bei Gelegenheit den Massenstreik einzuleiten (Bergmann 1998). Die Anzeichen mehrten sich, irgendeine Aktion lag in der Luft. Im mehrheitlich linken Reichstag war eine konservative Resolution gegen das Streikpostenstehen abgelehnt worden. Im April gewann der Bildungsausschuss der organisierten Arbeiterschaft den Stuttgarter Polizeidirektor Dr. Bittinger, nicht eben zimperlich im Umgang mit Sozialisten, für einen Vortrag über die Aufgaben gewerkschaftlicher Streikleiter.

Schon im Januar 1913 waren im Feuerbacher Bosch-Werk acht Arbeiter entlassen worden, und die «Tagwacht» unterstellte, dass sieben davon nur zur Tarnung der Entlassung des achten, eines Mitglieds der so genannten Geschäftskommission und Vertrauensmann der Gewerkschaft, herhalten mussten. Daraufhin weigerte sich die Feuerbacher Belegschaft, zu 95 Prozent gewerkschaftlich organisiert, Überstunden zu machen. Bosch selbst berichtete von einer Forderung des Deutschen Metallarbeiter-Verbands (D. M. V.)

nach zehnprozentiger Lohnerhöhung für seine bereits überdurchschnittlich bezahlten Arbeiter, welche er rundweg abgelehnt habe. Er zahle ihnen ja auch freiwillig die ganzen Sozialversicherungsbeiträge. Im Juni war einem Arbeiter in der Werkzeugmacher-Abteilung wegen Unbotmäßigkeit gekündigt worden. Der gewerkschaftliche Vertrauensmann ließ daraufhin die Maschinen anhalten – ein wilder Streik nach heutiger Auffassung. War es ein Zufall, dass der Vorfall sich ausgerechnet in der Werkzeugmacherei ereignete, mit der man den ganzen Betrieb lahmlegen konnte? Als man die Werkzeuge in der Schleiferei schärfen wollte, wurde dort ebenfalls solidarisch gestreikt. Daraufhin legte Bosch den ganzen Betrieb still. Den 5 Prozent Nichtorganisierten zahlte die

Anzeige im «Beobachter» vom 16. Juli 1913 nach der Werkschließung

Firma nach drei Tagen einen Betrag, der dem Streikgeld der D. M. V. für die Organisierten entsprach. Deshalb bestand Bosch darauf, dass er eine Schließung und keine Aussperrung vorgenommen habe. Nach sechs Wochen trat Bosch um eine Illusion ärmer dem Verband Württembergischer Metallindustrieller bei. Dessen Verhandlungsergebnis gestattete dem D. M. V., der offenbar von den Radikalen in Zugzwang gebracht worden war, das Gesicht zu wahren – tatsächlich war die Streikkasse erschöpft. Nach acht Wochen stellte Bosch die Arbeiter wieder ein bis auf 900 missliebig gewordene. Die «Tagwacht» kartete mit einem bitterbösen Märchen «Der reiche Mann» nach – womit Bosch gemeint war. Wenn auch heute eine eindeutige Ursache nicht mehr festzustellen ist, so fehlte es nicht an Unterstellungen der gegnerischen Lager: Die Gewerkschaftsfunktionäre benützten den Vorgang, um die Radikalen zurückzudrängen (so die Marxisten); die Firma habe ohnehin, wie Klein nach USA schrieb, in der Flaute ohne Schaden zwei Monate stillliegen können (so die Ausgesperrten); Bosch wisse nicht, wie sehr seine Beamten die Akkordschraube angezogen hätten (so die Streikenden). (Prinzing 1989) Für Bosch stand zeitlebens fest, wem in der Arbeiterbewegung er den Streik zu verdanken hatte: *Die zweite [radikalere] Richtung stand unter der Führung von Westmeyer, hinter dem Klara Zetkin stand.* (Bosch-Archiv APV 1)

Nicht bekannt ist, wie lange Fritz Zundel sein Verhältnis mit der jungen Paula Bosch vor seiner Frau Klara Zetkin geheim halten konnte. Dass es aber fünf Jahre gewesen sein können, ist bei der Intelligenz der Ehefrau unwahrscheinlich. Sie muss gerast und getobt haben, als sie die Beziehung entdeckte. Ein früher Beleg für den Zorn Klara Zetkins stammt vom Ausbruch des Ersten Weltkriegs, der schließlich die ideologischen Differenzen nicht mehr zu kitten gestattete. Lilly Gerok aus der dichtenden Predigerfamilie, die – wiewohl älter – ebenfalls zu den Jüngerinnen von Fritz Zundel zählte, hatte eine Schwester, und diese schrieb ihrem Bruder 1914 ins Feld: «Lilli hat einen festen Krach mit Sillenbuch. Die Klara [Zetkin] hat ihr alle Geschenke, Arbeiten etc. zurückgeschickt. Klara sei jetzt fast ganz verrückt, seit sie ausgeherrscht hat. Auch ihr Mann lebt getrennt von ihr. Er wollte Dich neulich mit dem Auto in Sennheim besuchen [...]. Er fährt immer mit Liebesgaben hier fort und bringt Verwundete heim, ist jetzt wieder ganz der Patriot durch und durch.» Und ein halbes Jahr später: «Daß Lilli mit Klara ganz fertig ist, weißt Du doch? Die Geschenke haben sie sich nachgeworfen, und Lilli hat sie jetzt ganz kennen gelernt.» (Gerok 1997) Zundel hatte sich mit seinem Auto bei Kriegsausbruch freiwillig als Sanitätsfahrer gemeldet. Das Drama in Sillenbuch, das man bisher aufgrund eines 1917er-Briefes von Rosa Luxemburg auf das Kriegsende gelegt hat, kann also mit Sicherheit auf das Jahr 1913 des Arbeitskampfes bei Bosch oder früher datiert werden. Den Erklärungsversuchen für den Arbeitskampf von 1913 bei Bosch lässt sich also eine weitere These hinzufügen: Es ging auch um die Rache einer verlassenen Frau.

Das Ehedrama und der Arbeitskampf hatten Folgen. Fritz Zundel gab die Arbeitermalerei zugunsten mythologischer Darstellungen auf, und Robert Bosch hielt es fortan nicht mehr mit der SPD, sondern mit den liberalen Ideen des Reichstagsabgeordneten Friedrich Naumann, der nach dem Krieg die Deutsche Demokratische Partei mitbegründete. Für dessen Staatsbürgerschule, später «Hochschule für Politik», erwarb Bosch ein Gebäude am Kronprinzenufer in Berlin. Zudem unterstützte er die liberale Zeitschrift «Die Hilfe», und so kam wohl die Verbindung zum damaligen Journalisten Theodor Heuss zustande. Gretel Bosch machte 1913 das Abitur nach, ging nach Berlin, um Politik und Geschichte zu studieren, und promovierte in Tübingen «summa cum laude» mit einem Thema aus dem Bauernkrieg (Zundel 2006). Dass sie in Berlin die Sekretärin von Rosa Luxemburg gewesen sei, behauptet nur eine im Stuttgarter Gewerkschaftsschrifttum verbreitete Legende. Paula Bosch blieb in Stuttgart und konnte Fritz Zundel erst 1928 heiraten, nachdem Klara Zetkin nach mehr als zehn Jahren Trennung endlich in die Scheidung eingewilligt hatte.

Der Ausbruch des Ersten Weltkriegs hatte bei Bosch den Auslandsverkauf weitestgehend zum Erliegen gebracht. Lastwagenhersteller wie die D. M. G. dagegen wurden durch die so genannten Subventions-Lastwagen erst richtig groß: Die Heeresverwaltung förderte finanziell den Erwerb von standardisierten Lastwagen durch deutsche Bürger, die dann im Ernstfall dem Heer als Reserve-Lastwagen dienten. So verfügten die deutschen Truppen bei Kriegsausbruch über mehr Lastwagen (25 000) als Personenautos (12 000). Boschs französischer und englischer Fertigungsbetrieb wurden natürlich enteignet. In dieser Flaute wurde die gerade fertig gewordene Feuerbacher Fabrikhalle in ein Lazarett umgewidmet.

Der Privatsekretär von Robert Bosch hatte bei Kriegsbeginn eine Fülle karitativer Spenden abzuwickeln, so gingen zum Beispiel 500 000 Reichsmark in bar zur beliebigen Verwendung an die Stadt Stuttgart oder 300 000 Reichsmark an die von Bosch initiierte «Kriegshilfe von Handel und Industrie». Viele leitende Angestellte wurden eingezogen, nur Gustav Klein nicht, den das Gefühl bedrängte, nicht mehr gebraucht zu werden. Sein Wasserflugzeug spendete er der Kriegsmarine. Ohnehin hatte der Flugbegeisterte im Verein mit Hellmuth Hirth und Wilhelm Maybach neue Ideen ausgeheckt, darunter die, man müsse ein Großflugzeug bauen und damit zur Weltausstellung nach San Francisco fliegen. Im Jahr 1914 kam der alte Graf Zeppelin zu Robert Bosch und versuchte ihn für den Bau eines Riesenluftschiffs zu gewinnen. Bosch hatte zwar im Jahr 1912 gegenüber einem Jagdfreund geäußert, dass er gern 10 Millionen Mark bezahlen würde, wenn er dadurch einen Krieg vermeiden könne, aber jetzt war er Kriegsprojekten nicht abgeneigt, denn er vermisste bei den deutschen Behörden die Ein-

Laufende Nr.	Datum der Anmeldung	Name des Anmeldenden	Alter			Geburts
			Tag	Mon.	Jahr	
6186	17/7 15	Bosch Robert in Stuttgart				

Die Anmeldung der Firma «Robert Bosch Versuchsbau Gotha Ost» vom 17. Juli 1915 im Gewerberegisterbuch Gotha

sicht, dass ein Krieg auch gewonnen werden muss. Beim Projekt eines Riesen-Zeppelins hatte Gustav Klein abgeraten, weil er Luftschiffe für überholt hielt. Stattdessen widmete sich Klein einer neuen Aufgabe, die ihn mehr faszinierte als die Routine bei Bosch ohne Auslandsaktivitäten: dem Bau eines Riesenbombers, der die verwundbaren Zeppeline ersetzen sollte. Mit Boschs Zustimmung trieb er das Projekt voran. Auf dem Gelände der Gothaer Waggonfabrik wurde eine Flugzeugmontagehalle errichtet, und im April 1915 flog der erste Prototyp der R-Flugzeuge (wie Riesen-) mit fast 42 Meter Spannweite, drei Propellern und meist fünf Motoren. Konstrukteur war Professor Alexander Baumann von der Technischen Hochschule Stuttgart. Im Juli wurde die Firma «Robert Bosch Versuchsbau Gotha Ost» gegründet, im September auf «Versuchsbau-Gesellschaft m.b.H.» umgemeldet, mit 50 000 Mark Stammkapital. Hugo Borst erinnerte sich: «Geldgeber war Robert Bosch. Graf Zeppelin hat ebenfalls mitgearbeitet und ist einige Male in Gotha gewesen. Ob und wieweit die Robert Bosch G.m.b.H. heute diese Zusammenhänge aufgedeckt haben will, weiß ich nicht. Nach dem Ersten Weltkrieg haben wir wegen unseren englischen Kunden, die vor allem Klein gut kannten, geschwiegen.»

Gewerbe	Ort wo das Gewerbe betrieben wird	Besondere Bemerkungen
(handschriftlich)	*(handschriftlich)*	*(handschriftlich)*

(Borst 1943) Ganz ähnlich wurde unter dem Neffen Carl Bosch, Vorstandsvorsitzendem der BASF, bei Kriegsende des Auslandsgeschäfts wegen verschwiegen, dass die Ammoniaksynthese von vornherein auf die autarke Versorgung mit Schießpulver gezielt hatte und nicht allein auf die Produktion von Kunstdünger. Nicht umsonst hatte 1903 der Rottweiler Sprengstoffkönig Max Duttenhofer in der Mittwochsbeilage des «Schwäbischen Merkur» ganzseitig auf die riskante Abhängigkeit des Heeres von importiertem Salpeter, dem Grundstoff von Schießpulver, hinweisen lassen.

Im August 1916 zogen Klein und sein Entwicklerstab von Gotha nach Berlin-Staaken um, auf das Gelände der Luftschiffbau Zeppelin Staaken G.m.b.H. Die Firma hieß jetzt Flugzeugwerft G.m.b.H. Staaken; dort wurden sechzehn Riesenbomber gebaut, weitere an anderen Standorten, zum Beispiel beim Luftschiffbau Schütte-Lanz in Zeesen. Dessen Chefkonstrukteur Franz Kruckenberg beschrieb das tragische Ende Gustav Kleins 1917 in Staaken: «Unvergeßlich ist mir die seelische Erschütterung, als die Nachricht kam, das kaum geborene Wunderwerk sei mit 20 Männern, darunter dem Initiator, Robert Boschs Gustav Klein, im Nebel am Boden zerschmettert worden. Man hatte zuwenig Brennstoff an Bord gehabt. Als man nach glücklich verlaufenem Probeflug zum Flugplatz zurückkehrte, fand man ihn eingenebelt. Es blieb nichts anderes übrig, als die Landung zu versuchen. Das Flugzeug streifte

Der «R-Bomber» mit Gustav Klein (dritter von rechts)

die Halle und stürzte ab.» (Kruckenberg 1959) Pilot Hans Voll-
moeller, Sohn eines Stuttgarter Textilindustriellen, und drei Mon-
teure waren sofort tot. Klein, der Bosch am Vortag noch in Berlin
von diesem neuen Protoypen R-IV berichtet hatte, überlebte nur
wenige Stunden. Sein Tod war ein bitterer Schlag für Bosch und
die Firma, denn er hatte als heimlicher Nachfolger gegolten, da
Robert Bosch jr. an Multipler Sklerose erkrankt war.

Zurück zum Kriegsanfang. Als in Berlin nach dem Vorbild der
politischen Klubs Englands und Amerikas eine «Deutsche Gesellschaft von 1914» gegründet wurde, kaufte Bosch das Pringsheim-
Palais und vermietete es günstig an die Gesellschaft. Der Klub war
eine Reaktion auf das Wort Kaiser Wilhelms II. zu Kriegsbeginn
gewesen: «Ich kenne keine Parteien mehr, ich kenne nur noch
Deutsche.» Die Elite Deutschlands sollte hier über alle Parteigren-
zen hinweg zum Wohle des bedrohten Reichs zu Gesprächen zu-
sammenfinden. Die Sekretärin des Klubs, Charlotte Nathan, war
damals die bestbezahlte Frau mit Prokura im Reich und berichtete
in ihren Erinnerungen: «Drei Heiratsanträge habe ich in der D. G.
erhalten und einen angenommen. Doch ehe ich davon erzähle, mögen hier einige Spitzen der D. G. Revue passieren. Da war einmal
Robert Bosch, ein Selfmade- und ein Gentleman. [...] Er hatte einen
Sohn und zwei Töchter, die beide politisch weit links standen. Eine
Tochter heiratete den Sohn [nein, den viel jüngeren Ehemann] der
kommunistischen Reichstagsabgeordneten Klara Zetkin [...]. Sein
bester Freund und Vertrauter, seine rechte Hand, Ingenieur Gustav Klein, kam zusammen mit Carl Vollmoellers jüngerem Bruder
Hans bei einem Flugzeugabsturz ums Leben. Mir fiel die schwere
Aufgabe zu, ihm den Tod des Freundes mitzuteilen. Menschlich
sind wir uns dadurch nähergekommen. Er hat mir manches aus
seinem Leben und von seiner Arbeit erzählt, mich mehrmals eingeladen, in Stuttgart sein Gast zu sein, und eines Tages mir sogar
vorgeschlagen, als seine Privatsekretärin nach Stuttgart zu kommen. Aber Berlin ließ mich nicht los. [...] Bosch hatte mich gern
und meinte es gut mit mir. Oft traf er mich spät am Abend mitten
in meiner Arbeit und bot mir bei solcher Gelegenheit an, ich solle
seine Wohnung im Pringsheim-Palais beziehen, sein Pied-à-terre,
das er sich eingerichtet hatte, um dort zu nächtigen, wenn er in
Berlin eine Sitzung hatte und nicht mehr zurück nach Stuttgart

konnte. Doch dieses gütige Angebot habe ich abgelehnt. Einen Rest Privatleben wollte ich mir bewahren, und dies wäre unmöglich gewesen, hätte ich auch noch in der D. G. gewohnt. Als wir uns kennenlernten, war seine Ehe auf einem toten Punkt angelangt.» (Haber 1970)

Mit achtundzwanzig Jahren heiratete Charlotte Nathan 1917 den neunundvierzigjährigen Witwer und Professor Fritz Haber, Direktor des Kaiser-Wilhelm-Instituts für Physikalische Chemie und durch den Gaskrieg belastet, der ihr die weitere Tätigkeit in der D. G. untersagte. In ihren Erinnerungen unterlässt sie natürlich die Auflösung, welche der von ihr beschriebenen Männer der D. G. – Robert Bosch, Eugen Gutmann, Ernst Jäckh, Wilhelm-Heinrich Solf, Geheimrat Schüler – die beiden anderen Heiratsanträge machten. Doch ein Stachel gegen Bosch muss geblieben sein. Sie wirft in ihrem Buch Bosch vor, den Aufstieg Hitlers nicht verhindert zu haben, was er nach ihrer Meinung gekonnt hätte. Hierzu beruft sie sich auf die durch die Nürnberger Prozesse bekannt gewordene «Novemberpetition» von 1932, den Brief maßgeblicher deutscher Wirtschaftsführer an Reichspräsident Hindenburg, den auch Bosch unterschrieben habe. Tatsächlich erschien der Name Bosch auf einem Exemplar der Novemberpetition, jedoch nur als Vorschlag des NS-Spendensammlers Wilhelm Keppler, nicht aber als eigenhändige Unterschrift Boschs (Scholtyseck 1999).

Was bei Bosch neben den für Lastwagen und Flugzeuge benötigten Magnetos für den Krieg produziert wurde, ist kaum bekannt. Die Firma baute drei Prototypen des für Flugzeuge gedachten halbautomatischen Motorgewehrs Dr. Stein. Doch die Serienproduktion wurde abgelehnt, «da Bosch für die Herstellung von Waffen kein besonderes Interesse hat» (Grosz 1994). Weiter baute Bosch unter anderem luftgekühlte Zweizylinder-Kleinmotoren nach britischem Vorbild zum Antrieb von Dynamos für kleine Funkstationen, welche die Spandauer Waffenfabrik ans Heeresarsenal lieferte. Mit übriggebliebenen Motoren dieses Typs wurde in Spandau nach dem Krieg das Motorfahrrad DKW («Das Kleine Wunder») gebaut (Bäumler 1961). Mitten im Krieg und noch vor Kleins Tod fasste Bosch den Entschluss, seine Kriegsgewinne in eine Stiftung für den Bau des Rhein-Neckar-Kanals einzubrin-

Gretel und Paula Bosch (auf der Treppe) mit den Kindern des von ihnen geführten Kinderheims, 1917 / 18

gen: Er spendete 13 Millionen Mark und für andere Zwecke nochmals 7 Millionen – unter anderem für ein homöopathisches Krankenhaus, das Torso blieb. Boschs Beitrag hat die Verwirklichung des Kanals zwar entscheidend vorangebracht, Stuttgart wurde aber erst nach dem Zweiten Weltkrieg Hafenstadt. Auch die Töchter Bosch wirkten wohltätig (Westmeyer 1978): Im Hinterhaus der Baufirma Bossert an der Ecke Lehen- / Tulpenstraße in Stuttgart richteten sie mit freiwilligen Helferinnen ein Tagesheim

für Arbeiterkinder ein, deren Väter «im Felde standen» und deren
Mütter in den Fabriken arbeiteten. Die Mutter Anna Bosch war
ebenfalls dort zu sehen. Allerdings kooperierten die Töchter hier
mit Vaters politischem Widersacher – Fritz Westmeyer.

Magnetos adieu – Diesel ahoi

Nicht erst der Tod Gustav Kleins hatte die Nachfolgediskussion
für Robert Bosch angestoßen. Mit dem erkrankten Robert Bosch
junior war nicht mehr zu rechnen, und seit dem Arbeitskampf
war Kleins Verhältnis zu den beiden Töchtern Boschs gespannt
gewesen. Weil er befürchtete, dass nach Boschs Tod die Erbinnen
und durch sie einige Linkspolitiker Einfluss auf die Firma nehmen
könnten, hatte er bei Bosch eine Nachfolgeregelung angemahnt.
Die Form einer Aktiengesellschaft hatte Klein aus steuerlichen
Gründen aber abgelehnt, vielleicht auch weil er fürchtete, diese
Konstruktion könnte die Führung der Firma erschweren, wenn sie
ihm zufiele. Bosch befand sich seit dem Streik 1913 in einer seeli-
schen und gesundheitlichen Krise, auch seine Ehe war gescheitert.
Nach Kleins Tod brachte Hugo Borst die AG wieder ins Gespräch,
und Bosch willigte ein, dass Borst mit Rechtsanwalt Paul Scheuing
und Privatsekretär Hans Walz die Umwandlung der Firma in eine
AG vornahm. Neu war, dass die leitenden Angestellten im Vorstand günstig Aktien erhalten sollten. Bosch blieb aber Mehrheitsaktionär. Erst nach seinem Tod würden sie die Mehrheit erwerben
können (Becker 2002).

Von 1917 an hieß die Firma also nun Robert Bosch AG. Im Aufsichtsrat saßen Robert Bosch, Schwager Eugen Kayser (Nachfolger: Hans Walz) und Rechtsanwalt Paul Scheuing. Der Kaufmann
Hans Walz war 1911 mit achtundzwanzig Jahren Privatsekretär
von Bosch geworden. Borst erzählte immer wieder, er selbst habe
Walz im Christlichen Verein Junger Männer kennengelernt, was
Walz später bestritt. Viel wichtiger war, dass Walz ein Anhänger
des Jäger'schen Wolle-Kults war wie Robert Bosch. Zudem hatte er

Nachfolger Hans Walz (1883–1974) erhielt die israelische Auszeichnung «Gerechter der Völker»

in Dr. Göhrum denselben homöopathischen Hausarzt wie Bosch (Diesel 1953). Spätestens nach Honolds Tod 1923 sah sich der zweiundvierzigjährige Hugo Borst als Neffe des Firmenchefs in der Rolle des «übriggebliebenen Kronprinzen». Ähnliches muss sich allerdings auch der sechsundvierzigjährige Neffe Hermann Bosch gedacht haben, der als Kaufmann zusammen mit Ingenieur Karl Martell Wild 1920 die Leitung des Metallwerks in Feuerbach

Es war bei mir ständiger Grundsatz, mir willige Mitarbeiter heranzuziehen, und zwar dadurch, dass ich jeden möglichst weit selbständig arbeiten ließ, ihm dabei aber auch die volle Verantwortung auferlegte. [...]
In einer größeren, gut geleiteten Firma ist es meist nicht so, dass einer sagen kann, das oder das habe ich gemacht. In einer solchen Firma muss Zusammenarbeit sein, und einer stützt sich auf den anderen. [...] Es droht in einem größeren Betriebe immer der Bürokratismus. Hierüber und über die Abhilfe ein Beispiel: Eines Tages wurde mir der Brief eines Herrn im ersten Stock an seinen Kollegen im zweiten Stock zur Unterschrift vorgelegt. Ich nahm den Brief und ging zu dem Vorgesetzten der zwei Herren fragend, was soll das heißen? Der Vorgesetzte antwortete, das wird man wohl so machen müssen, die beiden kommen sonst nicht miteinander aus. Darauf ich: «Bitte sagen Sie den Herren, wenn das nicht anders geht, untersuche ich, wer der Schuldige ist; kann ich es nicht feststellen, entlasse ich beide.» Es ging dann auch anders.

Robert Bosch, 1932

übernommen hatte, seit Eugen Kayser aus dem Leben geschieden war. Wild war zuvor Leiter des jetzt verlorenen US-Zweigwerks in Springfield und Schulkamerad Borsts gewesen. Die beiden wurden somit auch Vorstandsmitglieder. Das Gerangel der Diadochen sollte erst 1926 eine überraschende Lösung finden.

Die Phase der Soldatenräte nach der Abdankung des württembergischen Königs Wilhelm II. bei Kriegsende war in Württemberg unblutig zu Ende gegangen, wenn auch das Damoklesschwert der Sozialisierung lange über den Betrieben hing. Bosch selbst war unter Kautskys Vorsitz Mitglied in der «Kommission zur Vorbereitung der Sozialisierung der Industrie» gewesen, fehlte aber meist bei den Sitzungen wegen – diplomatischer? – Krankheit. Die Bosch AG hatte unter den Mitarbeitern 453 Gefallene zu beklagen. Die ausländischen Niederlassungen und Produktionsstätten waren enteignet, auch die Patente und Markenzeichen – ein massiver Verlust. Zudem erließen manche Siegermächte Einfuhrverbote für deutsche Produkte. Um die aus dem Krieg zurückkehrenden Mitarbeiter wieder einzustellen, mussten für die kriegsbedingt gesteigerten Produktionskapazitäten neue, in Friedenszeiten verkäufliche Produkte gefunden werden. Kriegszerstörungen gab es ja – anders als nach dem Zweiten Weltkrieg – keine. Aber es fehlte an ziemlich allem. Dem Kohlenmangel wurde durch Torffeuerung abgeholfen; hier wurde die Investition Boschs in ein schwedisches Torftrocknungsverfahren indirekt nützlich, bevor es sich aufgrund einer ungünstigen Energiebilanz endgültig als Fehlinvestition erwies. Dass der zur Beratung zugezogene Neffe Carl Bosch, BASF-Chef und seinerzeit noch nicht Nobelpreisträger, diese Panne nicht vorausgesehen hatte, ließ die Familienbeziehung etwas abkühlen. Bosch hatte nämlich schon vor dem Krieg eine Beteiligung an der elektrolytischen Torfdehydrierung nach Ekenberg erworben und in Oberschwaben (Ostrach) und Oberbayern (Mooseurach) sowie in Schottland Torfmoore gekauft. Während des Kriegs waren nach diesem Verfahren in England rauchfreie Torfbriketts für die Schützengräben produziert worden, wobei die Rentabilität keine Rolle gespielt hatte. Aus Verantwortungsgefühl für die auf den erworbenen Flächen lebenden Torfarbeiter beschloss Bosch nach dem Abbruch der britischen Versuche, die schlechten

Der Boschhof im oberbayerischen Mooseurach aus der Vogelschau

Böden in ein landwirtschaftliches Mustergut zu verwandeln. Dies gelang dank der neuentwickelten Silofütterung, wenn auch nur mit Boschs Zuschüssen. So entstand in Oberbayern der «Boschhof» mit 1700 Hektar Fläche, heute noch in Familienbesitz, der unter Ausschaltung des Zwischenhandels seine Produkte in München in sechs Verkaufsstellen direkt verkaufte. Dies war eine Idee des Verwalters Walther Mauk, der, zu NS-Zeiten in die Partei eingetreten, der Firma als Kontakter zum «Braunen Haus» in München diente. Später wurden auch Schafe und für die Reichswehr «Heeresfohlen» gezüchtet, denn das Pferd hatte dort noch lange nicht ausgedient (v. Jena 1939). Heute ist das Areal aufgeforstet, teils renaturiert.

Bei der Autoelektrik wurden die vor Beginn des Ersten Weltkriegs begonnenen Entwicklungen weitergeführt. Für die Subventions-Lastwagen hatte die Heeresleitung seinerzeit schon elektrische Anlasser und damit auch einen Akkumulator vorgeschrieben, denn irgendwoher musste der Strom zum Anlassen ja kommen. Also konstruierte Honold damals einen Elektromotor, der über eine Kette die Kurbelwelle des Benzinmotors drehte und dank eines mit Fichtel & Sachs in Schweinfurt entwickelten Freilaufs sich nicht mehr mitdrehte, wenn der Benzinmotor dann selbst lief. Mit Ernst Sachs, der zusehends die Produktion von Autoteilen ausbaute, traf sich Bosch im Reichsverband der Automobilindustrie zu Berlin. Nachdem nun schon mal ein Akkumulator an Bord war, wollte man diesen auch laufend nachladen, baute einen Dynamo namens «Lichtmaschine» an den Benzinmotor und ersetzte die Azetylen- durch elektrische Scheinwerfer, denn das Befüllen mit Karbid und Wasser sowie das Säubern der Azetylenentwickler waren lästig. Oft erlosch auch die Flamme, dann musste man anhalten und sie neu anzünden. Somit gab es bei Kriegsbeginn 1914 eine komplette Elektro-Umrüstung auch für Personenwagen, die allerdings mit 1500 Mark fast so viel wie ein gebrauchtes Auto kostete.

In Amerika arbeitete man schon länger als bei Bosch an der Lösung des Anlasserproblems. Dort hatte es beim Ankurbeln tödliche Unfälle durch Fehlzündungen und zurückschlagende Anlasskurbeln gegeben. Zur Abhilfe ließ man den elektrischen Anlasser in ein Ritzel enden, das zum Anlassen in Zähne auf dem Schwungrad des Benzinmotors eingriff. Wenn Letzteres sich schon dreht, funktioniert dies nicht ohne weiteres und gibt das mahlende Geräusch, das noch heute alle Autofahrer entnervt «Gruß vom Anlasser!» murmeln lässt. Das Einrücken geschah zunächst mit einem eigenen Fußpedal. Eine besonders elegante Lösung fand dann Samuel Willis Rushmore: den so genannten Schubanker-Anlasser. Wie jeder Elektromotor hat der Anlasser ja einen sich drehenden Anker, auf dessen Achse außen das Ritzel sitzt. Statt per Fußpedal verschob Rushmore den Anker nun magnetisch durch den Einschaltstrom mittels einer Zusatzspule axial nach vorn, bis er in Zähne des Schwungrads eingriff. Schaltete man den Anlasser wieder ab, bewegte sich der Anker mit Ritzel dank einer Feder von alleine zurück. Bosch hatte das Patent (mitsamt der Firma) 1914 erworben, Honold noch einige Feinheiten hinzugefügt.

Mit dem Akku im Auto, zunächst auf dem Trittbrett, waren aber die HV-Magnetos zum Aussterben verdammt, deren Vorteil ja gerade war, ganz ohne Stromquelle auszukommen. Als Batteriezündung ließ sich die Hochspannungszündung jedoch simpler und preiswerter bauen, das gültige Konzept hatte in den USA Charles Franklin Kettering bei General Motors durchgesetzt. Auch er wurde als Stifter bekannt. Der Bosch AG blieb aus Kostengründen gar nichts anderes übrig, als auf die neue Linie einzuschwenken, wo es immer noch genügend zu entwickeln gab. Fast das ganze 20. Jahrhundert bestand danach das Zündsystem aus Unterbrecher, Kondensator, Zündspule, Zündverteiler und den Zündkerzen. Die HV-Magnetos überlebten noch in Flugzeugen, solange sie durch Drehen der Luftschraube gestartet wurden und nur bei Tage flogen. Für Kleinmotoren in Motorfahrrädern oder später Motorrollern wurden noch Schwungmagnetzünder entwickelt, die ohne Akku auskamen; Licht und Signalton gab es jedoch nur bei laufendem Motor. Motorräder waren der Traum und Fahrräder das Verkehrsmittel der Wahl, als der Mittelstand während und

Gruppenfertigung von Isolierkörpern für Zündkerzen bei Bosch, um 1920

nach der Inflation 1923 andere Sorgen hatte, als die sündteuren Autos vor dem ersten Großserienauto (Opel Laubfrosch) zu kaufen. Bosch verkaufte zu dieser Zeit mehr Motorradelektrik und millionenfach das elektrische Bosch-Radlicht mit Reibraddynamo, das endlich die Azetylenradlampen ablöste.

Dass die ganze Magneto-Herrlichkeit vorbei sein sollte, drückte aufs Gemüt, zumal wenn man anderer Leute Entwicklungen übernehmen musste. Die Firma Bosch brauchte dringend eine neue Vision. Und siehe da – der Dieselmotor hatte Chancen, zum neuen Kompaktmotor in Lastwagen, Personenwagen oder gar Flugzeugen zu werden. Ob man da nicht noch einmal als Wegbereiter eine neue Ausrüstung für die Einspritzung entwickeln könnte? Doch wo waren jetzt die Vereinheitlicher, wie vor der Jahrhundertwende Daimler und Maybach, die dem Gasmotor als Kompaktmotor die Richtung vorgegeben hatten? Man musste nicht in die Ferne schweifen: In Zürich hatte Rudolf Diesel mit anderen schon 1908 bei der Automobilfabrik Safir AG den Prototyp eines schnelllaufenden Dieselmotors für Fahrzeuge entwickelt, der sich aber als ungeeignet erwies. Und in Mannheim bei der Benz & Cie. hatte der vom Deutzer Motorenwerk gekommene Prosper L'Orange 1909 den Prototyp eines kompakten Dieselmotors gebaut. Sein Patent

umging das bisherige komplizierte Einblasen des Dieselgemischs mittels Kompressor, durch eine Spritzdüse wurde das Rohöl direkt in eine Vorkammer im Zylinderkopf eingespritzt. Ein Teil des Gemischs explodierte und setzte den Rest so unter Druck, dass er in den Hauptverbrennungsraum verdampft wurde. Die von L'Orange gebaute Einspritzpumpe konnte dadurch

Prosper L'Orange (1876–1939), Pionier des Dieselmotors in Fahrzeugen und Ehrendoktor der TH Karlsruhe

simpler ausgelegt werden und die Einspritzmenge dosieren. Einziges praktisches Problem war, dass die Düse irgendwann verkokte. Nach Unterbrechung durch den Krieg wurden die Motorenwerke Mannheim (MWM) vom Benz-Automobilbau abgetrennt, und L'Orange wurde deren Leiter. Ironie der Geschichte: L'Orange ging bei MWM auf Distanz zum kleinen Dieselmotor, weil er enorme Preissteigerungen bei Rohöl befürchtete, worunter die stationären Dieselmotoren der MWM zu leiden hätten. Aber bei Benz & Cie. nahm sich eine Sonderabteilung der Dieselmotoren an, und im Benz-Sendling-Motorpflug wurden 1922 die weltweit ersten Fahrzeug-Dieselmotoren verkauft. 1923 war dann der erste Benz-Lastwagen Typ OB2 mit Dieselmotor und Einspritzpumpe fertig. Einen davon kaufte sich die Firma Bosch als Versuchsobjekt. Die Daimler-Motoren-Gesellschaft hatte ein paar Wochen früher ihren Lastwagen mit Kompakt-Dieselmotor noch mit Kompressor präsentiert. Dieses Konzept ging dann beim Zusammenschluss der beiden Firmen zu Daimler-Benz unter. Aber auch in der Forschungsanstalt von Hugo Junkers in Aachen hatte Otto Mader schon 1912 begonnen, sich mit kompressorloser Direkteinspritzung ohne Vorkammer zu beschäftigen. Seine Einspritzpumpe musste Drücke bis 400 Atmosphären liefern, und er entwickelte eine, die gleich noch mit Druck geschmiert wurde. Daraus entstand der erste Flugzeug-Dieselmotor der Junkers Motorenbau GmbH in Dessau, der dann in dem legendären Wellblechflugzeug Ju 52 ab 1932 seinen Dienst tat. Ein weiterer kreativer Entwickler beim Kompakt-Diesel war seit 1904 der Versuchsmechaniker Franz Lang bei der MAN gewesen, der zeitweise im eigenen Labor arbeitete. Statt der schwierigeren Direkteinspritzung konstruierte er den so genannten Luftspeicher-Dieselmotor. Im Zylinderkopf oder später im Kolben platzierte er einen nur durch eine kleine Öffnung zugänglichen Hohlraum. Auf diese Öffnung spritzte die Düse das Rohöl, das zum Teil mit der Luft im Hohlraum explosiv reagierte und so den Rest des Rohöls verdampfte und explodieren ließ. Dadurch passte sich wunderbarerweise die Drehzahl selbsttätig der Luftzufuhr an. Auch Lang entwickelte eine Einspritzpumpe, machte sich in München selbstständig und schloss sich der American Crude Oil Corporation des Deutsch-Amerikaners Albert Wielich an, dessen zwei Brüder in München die Süddeutsche Motorengesellschaft (SMG) gründeten. Der Motor hieß daher Acro-Motor. Beim ersten Kontakt mit der Bosch AG blitzten die Wielich-Brüder noch ab, denn sie wollten lediglich eine Fertigung im Unterauftrag für ihre SMG haben, ohne dass die Bosch AG selbst verkaufen dürfte (Seherr-Thoss 1987).

Bei Bosch hatte man offenbar 1922 begonnen, das Know-how bei der Zentralschmierung zu nutzen und Protoypen von Einspritzpumpen mit Leichtöl-Düsen zu entwickeln. Dabei war ein Henne-und-Ei-Dilemma entstanden: Zum Erproben brauchte man bei Bosch einen fertigen Dieselmotor, und die Motorenbaufirmen brauchten eine fertige Einspritzpumpe. Der Zufall kam der Gegenseite zu Hilfe: Robert Bosch lernte auf einer USA-Reise Walter Lippart, den Sohn eines MAN-Vorstands, kennen, der bei der Wielich-Gruppe arbeitete und einen amerikanischen Lizenznehmer beriet. Diesem gelang es auf der Rückfahrt, Bosch im Gegensatz zu seinem hinhaltenden Management zu überzeugen. Albert Wielich lud daraufhin Bosch zur Bären- und Elchjagd nach Kanada ein, wo er Bosch dann dafür gewann, die kompletten Acro-Rechte zu kaufen. Da war nur noch eine Kleinigkeit: die Demonstration eines besser funktionierenden Acro-Motors bei einer Firma in Buffalo. Mit Wild und Borst fuhr Bosch hin, man wollte vor allem auf das Anspringen des Motors morgens in kaltem Zustand achten. Bosch war bei der Prüfung zugegen, auch seine Leitenden Borst, Wild und Heins von der US-Niederlassung. Alles lief glatt, und da der Chef für den Kauf war, waren es die Leitenden auch. Zu Hause wurde eine gemeinsame Acro AG mit Sitz im schweizerischen Küsnacht gegründet. Franz Lang trat bei Bosch ein, um die Einspritzpumpe für den Luftspeichermotor zu entwickeln. Die Bosch AG besaß nun die Möglichkeit, Lizenzen für den Acro-Motor an Motorenbauer zu verkaufen, damit einen Abnehmerkreis für die zugehörige Einspritzpumpe zu gewinnen und so hoffentlich die Marschrichtung zu bestimmen. Zu Versuchszwecken wurden Lastwagenmotoren umgebaut und Lastwagen damit ausgestattet. Lang baute den Otto-Motor sei-

> Bildung macht frei. [...] Darum Förderung der Volksbildung; sie hebt ein Volk und macht es nicht nur geeignet, sich wirtschaftlich zu behaupten, sondern gibt ihm auch die Möglichkeit, politisch richtig zu handeln und Irrlehren als solche zu erkennen.
>
> Robert Bosch, 1923

nes privaten Stoewer-Automobils auf Luftspeicher-Diesel um und fuhr damit Tausende von Kilometern.

Es ist nicht bekannt, wann herauskam, dass der damals in Buffalo vorgestellte Motor präpariert war: Ein Wielich-Mitarbeiter hatte ihn vorher schon warm laufen lassen. Vermutlich geschah dies kurz vor dem Revirement von 1926. Diese Enthüllung dürfte auch einer der Gründe gewesen sein, dass sich der Acro-Motor bei weitem nicht so breit bei den Motorenbauern durchsetzte wie erhofft. Als Notbehelf musste vor dem Anlassen das Kühlwasser siedend heiß eingefüllt werden. Robert Bosch dürfte getobt haben und setzte Nachverhandlungen durch. Denn er hatte mit Wielich auf der Jagd in Kanada über dessen prozentuale Beteiligung an der Nutzung der Patente im einstelligen Bereich gesprochen, Borst nach zähen Verhandlungen aber zweistellige Prozente zugestanden. Lang verließ die Firma Bosch und machte selbstständig weiter. Die Neffen Hugo Borst und Hermann Bosch wurden 1926 gefeuert (Bosch-Archiv 14/9, Bl. 1 – 6). Damit stand fünf Jahre nach dem Tod des Bosch-Sohnes Robert am 6. April 1921 der neue Nachfolger fest: Hans Walz, der seit zwei Jahren auch im Aufsichtsrat saß. Robert Bosch zog sich aus dem operativen Geschäft zurück. Seine Bilderbuchkarriere kurz zusammenzufassen ist kaum möglich: »Insgesamt muß man den großartigen unternehmerischen Erfolg Robert Boschs wohl auf sein untrügliches Gefühl für das technisch Machbare, verbunden mit dem überragenden Geschick zur Organisation der Produktion, einerseits durch die Auswahl eines effizienten Managements und andererseits durch die Bindung und Motivation der Arbeiterschaft, zurückführen. Hinzu kam auch eine Portion Glück: Er war mit dem richtigen Produkt zur richtigen Zeit im richtigen Markt.« (Pierenkemper 1987)

Viele hatten sich noch für Borst verwendet, darunter Rechtsanwalt Scheuing und Gretel Bosch. Biograph Heuss bietet wenig überzeugend als Erklärung für die Entlassung an, Borsts exzessive

Bosch über die Weimarer Republik
1930: Ich bin der Meinung, daß der verstorbene Naumann durchaus nicht gut zu dem stehen würde, was unser Parlament und unsere Gewerkschaften […] sich geleistet haben […].
1932: Wer hat mit der Weimarer Verfassung uns dahin gebracht, wo wir heute sind? Ich sage, das Luderleben, das die politischen Parteien in unserem Parlament geführt haben.

Bosch mit einem Jagdhelfer

Kunstsammeltätigkeit habe Bosch wohl verärgert. Tatsächlich gab es Differenzen genug. Bei der Umwandlung in eine AG neun Jahre zuvor hatte Borst für Bosch ein Gehalt wie für die Leitenden angesetzt, worauf Bosch – wegen seiner sonstigen Einkünfte – tiefstapelnd äußerte, so viel wolle er ja nicht. Worauf Borst kurzerhand die Hälfte einsetzte. Das hätte er besser nicht tun sollen. Bosch unterschrieb offenbar unbesehen, weil er sich auf die Wahrung seiner Interessen durch Walz verließ, und wunderte sich später. Denn Walz war womöglich von Borst nicht informiert worden (Bosch-Archiv 14/7, Bl. 3). Ein weiterer Vorwurf war, dass Borst den Kriegseintritt Amerikas 1917 nicht vorausgesehen habe, um den US-Besitz rechtzeitig auf einen Strohmann zu übertragen und somit vor der Enteignung zu sichern. Stattdessen habe er sich auf den ebenso untätigen Otto

Heins, den Leiter der Niederlassung in den USA, verlassen. Aber wie hätte man auch ahnen können, dass ein deutsches U-Boot Mitte 1915 das britische Passagierschiff «Lusitania», das heimlich Munition transportierte, versenken würde, wobei 1200 Passagiere – darunter 120 Amerikaner – ums Leben kamen, und damit den Grund für die Kriegserklärung der USA lieferte? Klein-Freund Heins hatte es nicht und wurde deshalb und wegen der Acro-Geschichte ebenfalls entlassen. Bosch stellte auch zum Acro-Motor fünfzehn Jahre danach einen Bezug her, wobei er Borst zu nachgiebiges Verhandeln mit den Wielich-Leuten zur Last legte: *Im Ganzen kann man sagen, dass die Firma schließlich das Acro-System so weit durchbilden konnte, dass allgemein anerkannt wird, dass Bosch den Auto-Diesel eigentlich erst brauchbar gemacht hat […]. Um das zu ermöglichen, musste ich den […] Borst, den […] Heinz [sic] und den […] Kritiker Hermann Bosch entlassen. Auch etwas, das viel Staub aufwirbelte.* (Bosch-Archiv 14/9)

Auch aus einem priva-ten Grund hatte Bosch noch einmal und mit Biss in die Firmengeschäfte eingegriffen. Er hatte in Berlin seine zweite Frau kennengelernt. Seine erste Frau Anna Bosch wohnte schon lange in einem Haus in Stuttgart-Degerloch. Tochter Gretel beaufsichtigte seither für den Vater den Haushalt in der Villa. Dass Anna Bosch aber von Heilanstalt zu Sanatorium gewandert sei, ist eine Über-treibung, mit der Biograph Heuss seinen Lesern die un-vermeidliche Scheidung plau-sibler machen wollte (Zundel 1996). Margarete Wörz, 1888 in Dunningen bei Rottweil

Margarete Wörz, um 1914

als Tochter eines Forstmeisters geboren, war während des Ersten Weltkriegs am Erfurter Theater als Opernsängerin für Alt-Partien engagiert und hatte in der Zwischenkriegszeit ein Musikstudium in Berlin angeschlossen. Als sie Bosch nach einem Stipendium fragte, hatte es gefunkt (Madelung 1996). Der Scheidungsprozess lief fern von Stuttgart 1927 vor dem Berliner Landgericht. Am 30. November 1927 fand im Schöneberger Rathaus die Ziviltrauung von Robert Bosch, jetzt sechsundsechzig, mit der neununddreißigjährigen katholischen Sängerin statt. Die Stuttgarter Villa füllte sich wieder mit Leben, im nächsten Jahr wurde Sohn Robert («Robel») geboren und drei Jahre später Tochter Eva. Im Tübinger Vorort Lustnau, wo sich Paula Bosch mit Fritz Zundel 1919 ihren «Berghof» samt Atelier gebaut hatten, ließ nun auch Bosch für seine geschiedene Frau Anna angrenzend das Haus «Sonnhalde» bauen (Zundel 2006). 1971 stifteten Paula Zundel-Bosch und Gretel Fischer-Bosch, die ihren Lebensabend ebenfalls dort verbrachte, zur Erinnerung an den Maler Zundel die Tübinger Kunsthalle.

Trotz aller Widrigkeiten wurde die Diesel-Einspritzpumpe von Bosch ein Riesenerfolg. Dieses Wunderwerk der Feinmechanik, teilweise unter dem Werkzeugmikroskop gefertigt, fand sich bald in jedem Lastwagen mit Dieselmotor. Es war aber auch wirklich eine technische Herausforderung, die permanente Salve von kleinsten Öltröpfchen im Takt in die Zylinder zu schießen – gegen den enormen Druck im Zylinderkopf und das Tröpfchenvolumen auch noch variabel dosierbar. Wer einen offenen Ölstrahl aus einer solchen Pumpe beobachten kann, sollte der Versuchung widerstehen, seine Hand hineinzuhalten – sie würde glatt durchbohrt! Zusammen mit den minutiös gefertigten Düsen, den unbedingt dichten Düsenhalterungen und einem Regler, der den Dieselmotor im Leerlauf erhielt, hatte die Bosch AG 1927 die komplette Ausrüstung für Dieselmotoren aller Art serienreif und drei Jahre später bereits die zehntausendste Einspritzpumpe geliefert. Ganz analog zum Ersterfolg der Magnetos hatte die Bosch AG den Motorenbauern wieder einmal eine Produktlinie beschert, die sie von der enormen Last einer Eigenentwicklung befreite. Die Dieselmotoren entwickelten sich zusehends zu einem Hybrid aus Vorkammerprinzip und Direkteinspritzung, während der Dieselmotor

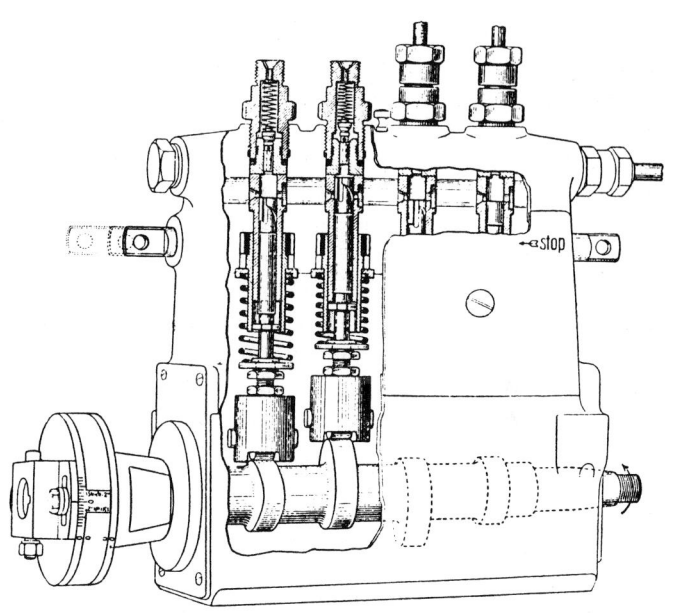

Die erste Dieseleinspritzpumpe der Firma Bosch, 1927.
Nach: VDI 1931, S. 82

mit Luftspeicher unterging. Die Investition in die Acro-Patente
war damit verloren, wenn sie auch als gewaltiger Schub für die
Entwicklung der Einspritzpumpe hilfreich war. Ob der Kauf der
REF-Apparatebau GmbH von Prosper L'Orange mit allen Patenten
zwei Jahre später lediglich Marktstrategie oder Übernahme von
Ideen bedeutete, müsste die bislang ungeschriebene Geschichte
der Dieseleinspritzung klären.

Durch Walz in der Firmenführung entlastet und erst recht
seit der Ehe mit seiner repräsentationsfreudigen zweiten Frau
kümmerte sich Bosch vermehrt um Freundschaften und um die
Politik. Mit dem Generaldirektor der Gutehoffnungshütte, Paul
Reusch, dem sieben Jahre jüngeren schwäbischen Freund aus der
Ingenieursverbindung «Die Hütte», pflegte er den Gedankenaus-
tausch zur Verständigung zwischen Frankreich und Deutschland.
Die Paneuropa-Union des Literaten Richard von Coudenhove-
Kalergi, den Bosch bei der Lektüre dessen Buches «Apologie der

Technik» (1922) als gleichgesinnt erkannt hatte, unterstützte er tatkräftig bis hin zum Vorschlag, ihm den Friedensnobelpreis zu verleihen. Auch in der öffentlichen Diskussion um die soziale Frage meldete er sich zu Wort, wobei es selbst Freund Reusch in seinen Zeitungen «Schwäbischer Merkur» und «Fränkischer Kurier» nicht immer gelang, Boschs Platzwünsche den mannhaft widerstehenden Zeitungsredakteuren plausibel zu machen. Bosch ließ seine Gedanken schließlich 1932 unter dem Titel *Die Verhütung künftiger Krisen in der Weltwirtschaft* als Privatdruck erscheinen. Selbst in die Politik zu gehen, hatte Bosch immer abgelehnt.

Nach der Machtergreifung der Nationalsozialisten zeichnete sich die staatliche Lenkung der Betriebe als Gefahr ab. Tochter Gretel schien die alte sozialistische Idee – zumindest partiell – begrüßt zu haben, denn sie verfasste 1939 die 232-seitige Schrift «Gelenkte Marktwirtschaft» mit dem Untertitel «Die geschichtliche Notwendigkeit einer Gestaltung der Wirtschaft», welch Letztere sie mit dem Versagen einer mechanischen Wachstumsregelung – wie in der Weltwirtschaftskrise erlebt – begründete. Unter der umsichtigen Führung von Hans Walz, der im Sinn der NS-Wirtschaftslenkung zum Betriebsführer bestimmt wurde, überstand die Bosch AG alle Anfechtungen im so genannten Tausendjährigen Reich. Bosch selbst hatte wie die Liberalen der DDP-Nachfolgerin Deutsche Staatspartei lange geglaubt, dass Hitler den Ausgleich mit Frankreich wolle. Die ergebnislose Unterredung mit Hitler, eingefädelt von Wilhelm Keppler, Hitlers Wirtschaftsberater und NS-Spendensammler (ohne dass Bosch gespendet hatte), sorgte dann für Ernüchterung.

Es hätte auch anders laufen können, etwa so wie beim Unternehmen von Hugo Junkers. Vom Professor für Maschinenbau an der Universität Aachen zum Flugzeug-Industriellen aufgestiegen, waren seine Dessauer Werke im Lauf der Weltwirtschaftskrise 1931 in finanzielle Probleme geraten. Das Stammwerk Junkers & Co. für Warmwasserapparate musste verkauft werden – die Bosch AG erwarb es passend zu eigenen Gaszünder-Entwicklungen. Doch damit nicht genug: Bei Hermann Göring in Ungnade gefallen, wurde Junkers unter Androhung von Gefängnishaft wegen fingierten Landesverrats zum Verzicht auf seine Fabriken erpresst (Blunck 1951).

Lieber Herr Mauk! [Boschhof-Verwalter, NSDAP-Mitglied]
Ich komme soeben vom Reichskanzler. Derselbe gab mir, nachdem wir
uns gesetzt hatten, das Wort. Ich führte aus, Herr Keppler sei wohl der
unmittelbare Veranlasser zu unserer Zusammenkunft. Was aber K. veran-
laßt habe, daß ich jetzt gerade da sei, wisse ich nicht. Vielleicht sei es die
Tatsache, daß ich K. gegenüber vor Monaten schon die Wichtigkeit der
Arbeitsbeschaffung hervorgehoben habe, die nach meiner Überzeugung
nur über eine Verständigung mit Frankreich möglich sei.
Der Kanzler lächelte und sagte, es sei wohl bloß der Wunsch K's, daß wir
uns persönlich kennenlernen. Er sagte dann, daß eine solche Verständigung auch sein Wunsch sei. Sie könne aber nur auf der Grundlage der
Gleichberechtigung, namentlich in der Rüstung, erfolgen.
Er lobte sodann die Schwaben und sagte, er schätze die sociale Demokratie
Württembergs und Badens, sprach von den besten Divisionen im Krieg
und dergleichen mehr.
Ich hatte keine Gelegenheit, auch keinen Wunsch, zu unterbrechen,
denn es scheint mir das nutz- und zwecklos. Lediglich im Verlaufe einer
kurzen Unterredung kann man nicht Tatsachen in genügender Weise
vorbringen, die eine bestehende Denkweise oder Ansichten über Dinge
ändern können, mit welchen man nicht einig ist. Selbst wenn ich in der
Lage wäre, Eindruck zu machen, etwa mit dem Gedanken, wir müßten
uns mit Frankreich verständigen, selbst wenn wir nicht heute schon volle
Rüstungsfreiheit bekämen, wir würden das bekommen, wenn die Franzosen erst überzeugt seien, daß es uns nicht in 1. Linie darum zu tun sei,
«siegreich Frankreich zu schlagen», so würde doch schon der nächste aus
seiner Umgebung in der Lage sein, H. zu überzeugen, daß das Landesverrat
sei. Und wenn es nicht dem ersten gelänge, so doch sicher einem anderen
seiner Umgebung.
Nur im Laufe der Zeit unter Hinweis auf allerlei Umstände und Tatsachen
kann man wirken, mindestens ich kann das nur. Ich kann nicht überreden,
vielleicht kann ich überzeugen.
Ich dankte dem Kanzler für seine Ausführungen. Ich führte aus, es möge
ein stolzer Gedanke sein, an der Stelle Bismarcks zu sein. Ich wisse aber,
welche Kämpfe auch dieser in seiner Stellung gehabt habe, und er habe
in eingefahrenen Geleisen gearbeitet. Er, H., habe aber einen neuen Geist
einzuführen, denn «social» sei man namentlich im Norden wenig.
Ich selbst sagte, ich hätte mich bemüht, social zu handeln und sei dafür
von rechts und links bekämpft worden.
Ich schloß dann damit, daß ich sagte, mit seinen großen Zielen der Besei-
tigung des Klassenkampfes und der Schaffung des Einheitsstaates sei ich
einverstanden und wünschte ihm vollen Erfolg. Damit war die Unterredung zu Ende.
Während der Unterredung wurden die Reste meines Schwagers Lamar-
che beerdigt. Ich weiß nicht einmal, ob Sie ihn kannten. Er wurde vor
3 Jahren das erstemal operiert. Seitdem wußte seine Frau, daß er Krebs
hatte, und hat es für sich behalten. Der Mensch hält viel mehr aus, als man
glaubt. Das trifft übrigens auch auf Staatsgebilde zu. Hoffen wir, auch auf
Deutschland!

Boschs Gespräch am 22. 9. 1933 mit Hitler

Bosch auf einer Bergwanderung mit den Kindern Eva und Robert aus seiner zweiten Ehe

Bei der Bosch AG taktierte man entsprechend vorsichtig, wie sich Boschs letzter Privatsekretär Willy Schloßstein erinnerte: «Was ist besser, sich erwischen zu lassen oder nach außen scheinbar mitzumachen, dafür unter der Decke immer mehr zu wirken?» Denn in Stuttgart war der Machtwechsel noch radikaler und ungehemmter als in Berlin verlaufen. Der württembergische Gauleiter Wilhelm Murr, ein Angestellter aus dem Gießereibüro der Maschinenfabrik Esslingen, ließ es an verbaler Rabulistik nicht mangeln, nachdem er in einer Farce zum Staatspräsidenten gewählt wurde. Robert Bosch zog sich sicherheitshalber auf den Boschhof in Oberbayern zurück. In der Folge wurde Bosch nach einem Termin bei Hitler-Stellvertreter Göring 1936 aus dem Stuttgarter Zeitungsverlag und der Deutschen Verlagsanstalt gedrängt, welche die Familie erst nach dem Krieg zurückerhielt (Scholtyseck 1999).

Fast 700 Mitglieder der Deutschen Arbeitsfront DAF und der Nationalsozialistischen Betriebszellen-Organisation als Spitzel im Betrieb ließen es Hans Walz geraten sein, nur einen Widerstand in begrenzter Form zu wagen. Immerhin machte die Jubiläumsschrift zum fünfzigjährigen Firmenjubiläum 1936 keinerlei Kotau vor

Nazigrößen, und auch den Hitlergruß suchte man im Geleitwort der Schrift vergebens. Der Jubiläumsfeier, gleichzeitig Robert Boschs fünfundsiebzigstem Geburtstag, blieb die Nazi-Prominenz fern, es sprachen Reichswirtschaftsminister Hjalmar Schacht und Hugo Eckener von den Zeppelinwerken. Hans Walz kündigte erneut den Bau eines Robert-Bosch-Krankenhauses für homöopathische wie allopathische Heilmethoden an. Nach Görings «Kanonen-statt-Butter»-Rede war dann der Zeitpunkt gekommen, sich vor dem nochmaligen Verlust des Auslandsbesitzes als Kriegsfolge zu schützen. Firmen und Beteiligungen im Ausland wurden auf den deutsch-holländischen Bankier Fritz Mannheimer überschrieben, der sich in einem Geheimvertrag verpflichtete, den Auslandsbesitz jederzeit wieder zurückzuverkaufen. Dafür er

Robert Boschs Medienbeteiligungen

Stuttgarter neues Tagblatt
Württemberger Zeitung, Stuttgart
Deutsche Verlagsanstalt, Stuttgart
Rhein-Verlag, Basel
Hippokrates-Verlag, Stuttgart

hielt er 100 000 Mark. Der Kaufmann Otto Fischer, zuvor im Privatsekretariat unter Walz, hielt die Verbindung zu Mannheimer (Fischer heiratete nach dem Krieg Gretel Bosch). Robert Bosch erklärte Ende 1936 seinen Rückzug aus der Politik.

Nach vierjähriger Hinhaltetaktik musste Walz 1937 die Anordnungen der NS-Regierung befolgen und für den Fall einer Besetzung Stuttgarts im Krieg so genannte Ausweichfabriken gründen: als Firmentöchter entstanden die Dreilinden-Maschinenbau GmbH in Kleinmachnow bei Berlin und die Trillke GmbH in Hildesheim, Letztere allerdings auf Kosten des Oberkommandos Heer. Während des Krieges arbeiteten dort 4400 Menschen, davon die Hälfte Kriegsgefangene und Zwangsarbeiter. Auch Spenden für NS-Institutionen ließen sich nun nicht mehr vermeiden, denn unter den langjährigen Mitarbeitern formierte sich Widerstand gegen das Regime, der sich tarnen musste. Seit der nationalkonservative Wirtschaftsfachmann Carl Goerdeler eingestellt war, den die Nazis 1937 aus seinem Amt als Leipziger Oberbürgermeister gedrängt hatten, war die nonkonformistische Firma Bosch stärker ins Visier geraten. Auch als sich Reichsmarschall Göring 1939 in ein Pirschgebiet Robert Boschs zur Jagd einlud, konnte man es sich wohl nicht leisten, ihn auszuladen (Keil 1948). Goerdeler wurde

Robert Boschs Stiftungen und Spenden (Auswahl, Stand 1986)

Robert-Bosch-Stiftung (postum): Wissenschaft, Osteuropa-Kontakte
Robert-Bosch-Krankenhaus
Kriegslazarett Feuerbach
Vereinigung der Freunde der Homöopathie Hahnemannia
Projekte der Krebs- und Tuberkuloseforschung
Kinderkrankenhäuser und -sanatorien
Stiftung zur Erbauung des Neckarkanals
Robert-Bosch-Kriegsstiftung: karitative Zwecke
Robert-Bosch-Treuhandstiftung: kulturelle Zwecke
Robert-Bosch-Stiftung an der Maschinenbauschule Eßlingen
Gustav-Klein-Stiftung: Verbesserung des Naturkundeunterrichts
Bach-Stiftung: technisch-wissenschaftliche Forschung
Vereinigung von Freunden der TH Stuttgart
George Washington Memorial Library of TH Stuttgart
Markel-Stiftung: Begabtenförderung
Verein Förderung der Begabten
Verein zur Förderung der Volksbildung (Theodor Bäuerle)
«Die Lese», literarische Zeitung für Volksbildung
Verein für das Wohl der arbeitenden Klassen
Zentralleitung für Wohltätigkeit in Württemberg
Hochschule für Politik, Berlin
Schwäbischer Siedlungsverein
Kriegshilfe von Industrie und Handel in Württemberg
Carl-Schurz-Vereinigung, USA
Paneuropa-Union
Institut für Auslandsbeziehungen, Stuttgart
Deutscher Werkbund
Deutsches Museum, München
Naturkundemuseum, Stuttgart
Linden-Museum für Völkerkunde, Stuttgart
Staatsgalerie Stuttgart
Deutsche Schillergesellschaft

zur treibenden Kraft der Nicht-Militärs im Widerstand gegen Hitler und nutzte die Anstellung bei der soeben aus der AG umgewandelten Robert Bosch GmbH, mit Robert Bosch als Alleinbesitzer und zeichnungsberechtigtem Geschäftsführer, um auf Hitlers Sturz hinzuarbeiten. Um Walz, der im Betriebsinteresse sogar in die SS eintreten musste, hatte sich der «Bosch-Kreis» gebildet, dessen Teilnehmer Verbindungen zum kirchlichen Widerstand suchten, später bei Reisen in die Schweiz Friedensfühler zu den Nachbarländern und den USA ausstreckten und über Goerdelers Aktivitäten weitgehend informiert waren (Scholtyseck 1999).

Robert Boschs achtzigster Geburtstag 1941 war vom Kriegsgeschehen überschattet. Die Universität Tübingen verlieh ihm den medizinischen Ehrendoktor; der Leiter der Deutschen Arbeitsfront, Robert Ley, überbrachte Bosch nach Baden-Baden, wohin sich Bosch vor dem Trubel geflüchtet hatte, die Ernennung zum «Pionier der Arbeit» und schenkte ihm ein Modell des Kraft-durch-Freude-Autos, später «Volkswagen» genannt, im Maßstab 1:11,5. Auf dem Nummerschild stand das Datum des Geburtstags (Riesle 1996). Die Stadt Stuttgart stellte ihm das Grundstück für ein nicht mehr realisiertes Paracelsus-Museum zur Verfügung. Der Jubilar hatte schon früher ein handschriftliches Testament gemacht. Zu Erben seines Nachlasses berief er die bei seinem Tode vorhandenen Abkömmlinge nach den Regeln der gesetzlichen Erbfolgeordnung. Nachkommen waren dann der dreizehnjährige Sohn Robert und die bald zehnjährige Tochter Eva, die Töchter aus erster Ehe, Gretel Bosch und Paula Zundel, sowie der elfjährige Enkel Georg Zundel, welcher der einzige aus erster Ehe blieb (er verkaufte nach 1978 seine Firmenanteile).

Die im Testament verfügte Verfassung des Unternehmens sah die Gründung einer Robert-Bosch-Stiftung mit Sitz in Stutt-

Anna Bosch
mit ihrem Enkel
Georg Zundel,
um 1931/32

gart vor, in deren Händen sich heute 92 Prozent der Anteile an der GmbH befinden. Offen blieb noch die Frage einer Biographie. Da traf es sich gut, dass Theodor Heuss, der nach der Machtergreifung Reichstagsmandat und Dozentenstelle an der Hochschule für Politik verloren hatte, Biographien verfasste, unter anderem die des Politikers Friedrich Naumann und des Biologen Anton Dohrn. Seinem Wunsch, eine Stelle bei der Bosch GmbH zu finden, wurde zwar nicht entsprochen, doch nach der dritten zugesandten Biographie aus Heuss' Feder, derjenigen des Chemikers Justus von Liebig, verstand Robert Bosch den Wink und beauftragte Heuss, seine Biographie zu schreiben, die Heuss nach Boschs Tod dann mit Walz aushandelte (Heuss 1946, Vorwort). Der Auftrag sicherte Heuss über den Krieg hinweg die Existenz, zudem wurde er vom Betrieb durch eine Wehrkarte unabkömmlich gestellt, sodass ihm der Kriegsdienst erspart blieb (Scholtyseck 1999, Fußnote 395).

Der passionierte Jäger Bosch erkrankte bald nach der Jubiläumsfeier an einer Ohrenentzündung, die zunächst homöopathisch behandelt wurde. Im März 1942 verschlechterte sich Boschs Gesundheitszustand. Eine weit fortgeschrittene Mittelohrvereiterung wurde diagnostiziert, an der Robert Bosch am 12. März im Stuttgarter Marien-Hospital starb. Die NS-Regierung ordnete einen Staatsakt an, der in der Halle des Landesgewerbemuseums in Gegenwart des Reichswirtschaftsministers Walther Funk stattfand. Bei der Einäscherungsfeier im Krematorium waren die Familie und der Kreis um Robert Bosch dann unter sich – ohne braune Uniformen. Nachfolger Walz würdigte den Verstorbenen und seine immensen Verdienste. Boschs Urne wurde in einem Ehrengrab der Stadt Stuttgart auf dem Waldfriedhof beigesetzt. Dort wurde 1979 auch seine zweite Frau beerdigt.

Der Staatsakt für Robert Bosch am 18. März 1942 im Stuttgarter Landesgewerbemuseum

Robert Bosch hatte noch miterleben müssen, wie sein Freund Paul Reusch und der Neffe Carl Bosch von den Nationalsozialisten aus ihren Chefposten bei der Gutehoffnungshütte beziehungsweise IG Farben gedrängt wurden. Erspart blieben ihm das Drama des Hitler-Attentats vom 20. Juli 1944, Durchsuchungen und Verhöre der Gestapo, der entwürdigende Prozess gegen die Verschwörer, schließlich Verurteilung und Hinrichtung von Carl Goerdeler und anderen. Er musste auch nicht die Bombardierung der Stadt Stuttgart und seiner Werke erleben. «Das war Gnade», schrieb Biograph Heuss.

1861   Robert Bosch kommt am 23. September als achtes von neun – mit den früh gestorbenen: zwölf – Kindern des «Kronen»-Wirts Servatius Bosch und seiner Frau Margaretha, geb. Dölle, in Albeck bei Ulm zur Welt.

1869   Umzug der Familie nach Ulm. Bosch bricht die Realschule ab, Feinmechanikerlehre in Ulm.

1879   Als Gürtler beim Großhandel Bosch & Haag des Bruders in Köln.

1879 / 80   Arbeit in der Fabrik elektrischer Apparate C. & E. Fein in Stuttgart.

1880   In der Bijouteriefabrik Rödiger, Hanau. Tod des Vaters.

1881   Wieder bei Bosch & Haag, danach Wehrdienst in Ulm.

1882   Arbeit in der Firma Sigmund Schuckert KG in Nürnberg.

1883   Bei Mechaniker Gottlob Schäfer in Göppingen.

1883 / 84   Gasthörer der Elektrotechnik am Polytechnikum Stuttgart.

1884   Bei S. Bergmann & Co, dann bei Edison Machine Works in New York

1885   Bei der Firma Siemens Brothers in Woolwich, England

1885 / 86   Werkführer bei Buss, Sombart & Co in Magdeburg.

1886   Eröffnung einer eigenen Werkstätte mit zwei Mann in Stuttgart.

1887   Heirat mit Anna Kayser. Kinder: Margarete, geb. 1888, Paula, geb. 1889, Robert, geb. 1891. Erster Magneto

1890   Bosch erwirbt sein erstes Fahrrad.

1892   Absatzkrise, 22 von 24 Arbeitern entlassen.

1895   Installationsaufträge dank Stuttgarts neuem Elektrizitätswerk.

1897   Zähringers Patent Drehhülsen-Magneto an Kraftfahrzeug (Voiturette) angebaut.

1898   Verbindung mit Frederick R. Simms. Tod der Mutter.

1899   Die spätere Cie des Magnétos Simms-Bosch Ltd in Paris gegründet.

1900   Luftschiff LZ 1 mit Bosch-Magnetos.

1901   Elektrotechn. Fabrik Robert Bosch in Stuttgart gebaut.

1902   Bau des Wohnhauses Hölderlinstr. 7. Honolds Patent für Hochspannungs-Magneto (anfechtbar). Bosch kauft Panhard- und Renault-Automobile.

1903   Produktion der HV-Magnetos mit Zündkerzen.

1904   Jagdunfall, linkes Mittelfingerglied amputiert.

1905   Wirbt mit Sekt auf 1. Herkomer-Konkurrenz, Auszahlung des Kompagnons Simms.

1906   Achtstundentag eingeführt. Bosch gewinnt selbst den 1. Preis bei WAC-Zuverlässigkeitsfahrt.

1907   Die Kinder werden von Fritz Zundel gemalt, der sich in Tochter Paula verliebt.

1908   Autofahrt nach Paris, wo Bosch u. a. das Grab Heinrich Heines besucht.

1909   Bau des Metallwerks in Stuttgart-Feuerbach und der Fabrik in Springfield, Mass. Bau einer Villa in Hanglage über Stuttgart, Heidehofstr. 31

1910   Arbeitsfreier Samstagnachmittag und gestufte Urlaubsregelung eingeführt. Spende von 1 Million Reichsmark an die Technische Hochschule Stuttgart; Ehrendoktorwürde Dr.-Ing.; Bosch verteilt persönlich bei der III. Prinz-Heinrich Fahrt Werbegeschenke.

1911   USA-Geschäftsreise mit Frau und Sohn; Hans Walz wird sein Privatsekretär.

1912   Kauf von Moorflächen, auf

ihnen entsteht später der Bosch-hof in Mooseurach (Oberbayern).

1913 Streiks, geschürt von Fritz Westmeyer und Klara Zetkin-Zundel, sechswöchige Schließung des Werks.

1914 Erster Weltkrieg trifft den Exportanteil (88 %); Lazarett im Feuerbacher Bosch-Werk.

1915 Erwerb des Pringsheim-Palais in Berlin für die Deutsche Gesellschaft von 1914. Gründung der Robert Bosch Versuchsbau Gotha Ost. Gründung des Stuttgarter Homöopathisches Krankenhaus GmbH (Bau unvollendet).

1916 Vorsitz im Verband Württembergischer Industrieller.

1916/17 Spende des Kriegsgewinns für gemeinnützige Zwecke, u. a. zum Bau des Neckarkanals. Ehrenbürger der Stadt Stuttgart.

1917 Der designierte Nachfolger Boschs, Gustav Klein, stürzt bei Probeflug ab und stirbt. Umwandlung der Firma in die Robert Bosch AG. Reise mit Politiker Ernst Jäckh nach Istanbul, unterstützt Friedrich Naumanns Staatsbürgerschule in Berlin.

1918 Württembergische Gesellschaft 1918 gegründet, Eisernes Kreuz am weißen Band, Mitglied der Kommission zur Vorbereitung der Sozialisierung der Industrie.

1919 Präsidiumsmitglied des Reichsverbands der deutschen Industrie.

1920 Streik bei Bosch; die Polizei besetzt Werke. Bosch wird Mitglied im Reichswirtschaftsrat, er erwirbt die Kapitalmehrheit an der Deutschen Verlagsanstalt in Stuttgart und damit an «Neuem Tagblatt» und «Württemberger Zeitung».

1921 Geschäftsreise nach Südamerika. Sohn Robert stirbt an Multipler Sklerose.

1923 Inflation, Einführung der Rentenmark.

1924 Stille Übernahme der Eisemann-Werke.

1925 Reise in die USA. Kauf aller Patente des Acro-Motors.

1926 Entlassungen bis auf 6000 Arbeiter; Revirement, dabei u. a. der Neffe Hugo Borst entlassen, stattdessen rückt Hans Walz in die Geschäftsleitung. Bosch zieht sich aus dem operativen Geschäft zurück.

1927 Scheidung und Heirat mit Margarete Wörz. Kinder: Robert, geb. 1928, Eva, geb. 1931.

1928 Gründung des Hippokrates-Verlags in Stuttgart.

1929 Gründungsbeteiligung an der Fernseh AG.

1931 Ehrenschild des Deutschen Reichs zum siebzigsten Geburtstag.

1932 Kauf von REF Apparatebau GmbH, Eugen Bauer GmbH und Junkers & Co (Gasthermen).

1933 Kauf der späteren Blaupunkt-Werke, ergebnisloses Gespräch mit Adolf Hitler.

1934 Stiftung des Robert-Bosch-Krankenhauses, eröffnet 1940

1937 Umwandlung der AG in die Robert Bosch GmbH. Bosch ist wieder Alleininhaber; Anstellung Carl Goerdelers, «Bosch-Kreis», von Heeresverwaltung diktierte Gründung zweier Ausweichfabriken.

1938/40 Hans Walz überweist 1,2 Millionen Mark an den Sonderfonds Jüdische Mittelstelle.

1941 Achtzigster Geburtstag, medizinischer Ehrendoktor der Universität Tübingen. Die NS-Regierung ernennt ihn zum «Pionier der Arbeit».

1942 Robert Bosch stirbt am 12. März. Er wird in einem Ehrengrab der Stadt Stuttgart beigesetzt (Waldfriedhof).

DIE FAMILIE BOSCH-ZUNDEL IM ÜBERBLICK

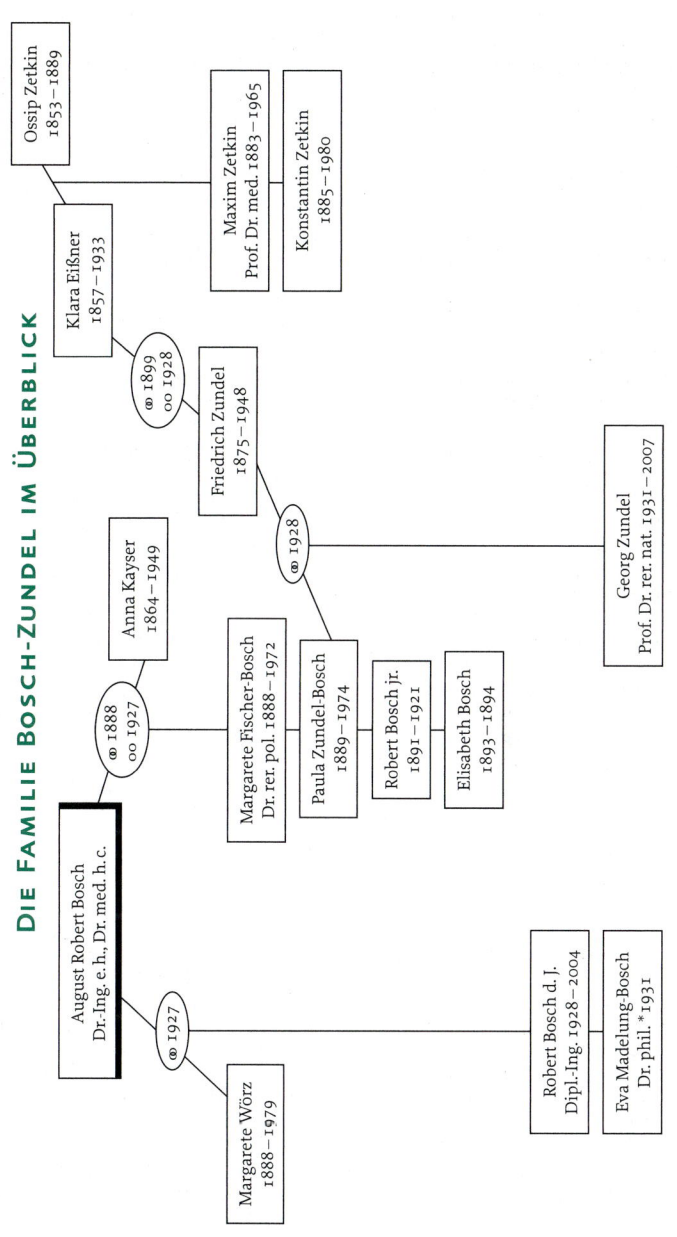

Ossip Zetkin
1853–1889

Klara Eißner
1857–1933

Maxim Zetkin
Prof. Dr. med. 1883–1965

Konstantin Zetkin
1885–1980

⚭ 1899
∞ 1928

Friedrich Zundel
1875–1948

⚭ 1928

Georg Zundel
Prof. Dr. rer. nat. 1931–2007

Anna Kayser
1864–1949

⚭ 1888
∞ 1927

Margarete Fischer-Bosch
Dr. rer. pol. 1888–1972

Paula Zundel-Bosch
1889–1974

Robert Bosch jr.
1891–1921

Elisabeth Bosch
1893–1894

August Robert Bosch
Dr.-Ing. e. h., Dr. med. h. c.

⚭ 1927

Margarete Wörz
1888–1979

Robert Bosch d. J.
Dipl.-Ing. 1928–2004

Eva Madelung-Bosch
Dr. phil. *1931

CHRONOLOGIE DER ELEKTRISCHEN ZÜNDUNG AN GAS- UND BENZINMOTOREN BIS 1903

1807   Isaak de Rivaz: Fahrzeug-Prototyp mit handbefülltem Gasmotor und Kondensator-Batteriezündung. Schweizer Patent, nicht weiterverfolgt.

1857   Eugenio Barsanti und Felice Matteucci: erste Abreißzündung mit Batterie am stationären Gasmotor-Prototyp. Britisches Patent, nicht weiterverfolgt.

1860   Étienne Lenoir: kontinuierliche Funkeninduktor-Zündung mit Zündkerze und Batterie (hielt drei Tage) am stationären doppeltwirkenden Gasmotor. Französisches Patent. Unterliegt 1867 dem Otto-Gasmotor mit Gasflammenzündung.

1873   Siegfried Marcus: batterieunabhängiger Magneto mit Abreißzündung an seinem Gasmotor. Patente ab 1882, Deutsches Reichspatent 1883, erloschen 1891.

1878   Gasmotorenfabrik Deutz, Nikolaus Otto: «Provisional Specification» für Abreißzündung, beraten von Werner von Siemens. Nicht weiterverfolgt, wohl auch wegen der Marcus-Patente.

1883   Rheinische Gasmotorenfabrik, Karl Benz: Sie fertigt stationäre Zweitakt-Gasmotoren mit kontinuierlicher Funkeninduktor-Zündung, Zündkerze, Zündschalter und Batterie.

1884   Buss, Sombart & Co., wohl Erich Correns: batterieunabhängige Hochspannungszündung mit separater Zündspule und Zündkerze. Deutsches Reichspatent, nicht weiterverfolgt.

1884   Ets. Edouard Delamare-Deboutteville, Mechaniker Leo Maladin: Prototyp Break mit Benzin-Viertaktmotor und Funkeninduktor-Zündung. Französisches Patent, Prototyp verließ nie die Werkstatt.

1886   Gasmotorenfabrik Deutz, wohl Paul Winand: unlizenzierte Version des Marcus-Magneto für stationäre Motoren in der Fertigung bis 1903.

1886   Rheinische Gasmotorenfabrik, Karl Benz: Prototyp Tricycle mit Viertakt-Benzinmotor und kontinuierlicher Funkeninduktor-Zündung, Zündkerze, Zündschalter, Batterie.

1887   Werkstätte Robert Bosch: Sie fertigt unlizenzierte Version des Marcus-Magneto, jetzt mit Hufeisen-Magneten, für stationäre Motoren.

1888   Paul Winand: Hochspannungs-Magneto für Zündkerze mit Sekundärwicklung auf Anker. Deutsches Reichspatent, erlischt 1890. Siegfried Marcus: Prototyp eines Vierradwagens mit Viertakt-Benzinmotor und Magneto.

1895   De Dion, Bouton & Cie., Mechaniker Georges Bouton: dreirädrige Voiturette mit Benzinmotor und Hochspannungszündung mit Batterie, Zündschalter, Zündspule und Zündkerze. Insgesamt 12 000 Stück gefertigt.

1897   Werkstätte Robert Bosch, Arnold Zähringer: Er ersetzt die Glührohrzündung an Beeston-Voiturette durch schnellgängigen Drehhülsen-Magneto. Deutsches Reichspatent u. a.

1902   Elektrotechn. Fabrik Robert Bosch, Gottlob Honold: Patent Hochspannungs-Magneto, wegen Winand-Patent anfechtbar.

1903   André Boudeville patentiert HV-Magneto, angeblich 1898 Prototyp.

Die Entwicklung der Robert Bosch AG und GmbH seit 1917

1917   AG, Aufsichtsräte:
Robert Bosch, Eugen Kayser,
Paul Scheuing
1918   Tod von Eugen Kayser, Nachfolger Hans Walz. Isolitwerk für
Kunststoffe
1920   Wilder Streik wegen Lohn-
steuer, Polizei besetzt die Bosch-
Werke
1921   Elektrisches Horn, Such-
scheinwerfer, Neugründung
einer Filiale in New York
1923   Tod von Gottlob Honold.
Radlicht, Neubau Isolit- und
Ölerwerk, Magneto-Krise
1925   14 188 Mitarbeiter. Kauf
aller Patente am Acro-Motor
1926   Robert Bosch zieht sich
aus dem operativen Geschäft
zurück
1927   Umstellung auf Batteriezündung, Akkus, Diesel-Ein-
spritzpumpen und -düsen
1928   Bosch-Winker, Kauf der
MEA-Vertriebs-AG Feuerbach
von AEG
1929   Bosch-Hilfe, Neubauten
für Metallguss und Fertig-
bearbeitung
1930   Radioteile, Dieselfilter.
Weltwirtschaftskrise

1931   Gaszünder, Lenkräder, die
Produktion von Elektrowerk-
zeugen erweitert
1932   8154 Mitarbeiter. Kauf
REF Apparatebau GmbH mit
L'Oranges Diesel-Einspritz-Pa-
tenten, Kauf der Gasthermen-
fabrik der Junkers & Co. GmbH,
Dessau, Europas erstes Autoradio:
Blaupunkt Auto-Super
1933   11 235 Mitarbeiter. Kauf
der Ideal-Werke AG, neu: Kühl-
schrank-Produktion
1934   Kauf der Kinogerätefabrik
Eugen Bauer GmbH
1936   Beim 50-jährigen Jubiläum
20 794 Mitarbeiter. Baubeginn
des Robert-Bosch-Krankenhauses
in Stuttgart
1937   Umwandlung der AG in die
Robert Bosch GmbH. Ausweichfabriken Dreilinden Maschinenbau GmbH, Kleinmachnow, und
Trillke GmbH, Hildesheim
1939   Serien-Fernseh-Apparat.
Umstellung auf Rüstungsproduk-
tion
1942   Firmengründer Robert Bosch
gestorben

Aktualisierte Firmengeschichte
unter
http://archive.bosch.com/de/ar-
chive/index.htm

Anmerkungen

Folgende Werke und Mitteilungen werden im Text in Kurzform zitiert.

Allmers 1937   Robert Allmers: Ernst Sachs. Leben und Wirken. Berlin

Bäumler 1961   Ernst Bäumler: Fortschritt und Sicherheit. Der Weg des Werkes Fichtel & Sachs. München

Becker 2002   Rolf Becker: Robert Bosch (1861–1942). In: M. Fröhlich (Hg.): Die Weimarer Republik. Darmstadt

Bergmann 1998   Theodor Bergmann u. a.: Friedrich Westmeyer. Von der Sozialdemokratie zum Spartakusbund – eine politische Biographie. Hamburg

Blunck 1951   Richard Blunck: Hugo Junkers. Ein Leben für Technik und Luftfahrt. Düsseldorf

Boeres 1910   Franz Boeres: Grabmalinschrift für Eltern und Albert Bosch. Ulm

Borst 1943   Hugo Borst: Brief an Theodor Heuss. Literaturarchiv Marbach

Borst 1944   Hugo Borst: Brief an Theodor Heuss. Literaturarchiv Marbach

Bosch 1885   Robert Bosch: Brief an Anna Kayser. Archiv Prof. Zundel

Bosch 1886   Robert Bosch: Brief an Anna Kayser. Archiv Prof. Zundel

Bosch 1898   Robert Bosch: Neuer elektromagnetischer Zündungsapparat. Elektrotechnische Zeitschrift I (1898) S. 121

Bosch 1908   Robert Bosch: Brief an Luise Kautsky, Internationaal Instituut voor Sociale Geschiedenis, Amsterdam

Bosch 1921   Robert Bosch: Lebenserinnerungen (Typoskript). Archiv Prof. Zundel

Bosch jr. 1918   Robert Bosch: Lebenslauf (Typoskript). Archiv Prof. Zundel

Bosch AG 1936   Fünfzig Jahre Bosch 1886–1936. Stuttgart

Bosch-Archiv 1986   Robert Bosch und die deutsch-französische Verständigung. Stuttgart

Diesel 1953   Eugen Diesel: Hans Walz zur Vollendung seines siebzigsten Lebensjahres, gewidmet vom Hause Bosch. Stuttgart

Duncan 1928   Herbert O. Duncan: World on Wheels, S. 734. Paris

Gerok 1997   Karl Gerok: Brief von Dr. Karl Gerok an den Autor

Grosz 1994   Peter M. Grosz: Motorgewehr Dr. Stein. In: Aero. The Journal of the Early Aeroplane No. 146, und persönliche Mitteilung

Grothe 1877   Hermann Grothe: Die Industrie Amerikas. Berlin

Haber 1970   Charlotte Haber: Mein Leben mit Fritz Haber. Düsseldorf

Hardenberg 2000   Horst Hardenberg: Siegfried Marcus. Mythos und Wirklichkeit. Bielefeld

Heuss 1946   Theodor Heuss: Robert Bosch. Leben und Leistung. Tübingen (zitiert nach Ausgabe 1986)

Jäger 1881   Gustav Jäger: Normalkleidung. Stuttgart (zitiert nach Wollenes. Anthologie aus den Schriften des «Woll-Jägers» 1881 bis 1909. Stuttgart 1977)

Keil 1948   Wilhelm Keil: Erlebnisse eines Sozialdemokraten, Band II, S. 556. Stuttgart

Kölbel 1982   Richard Kölbel: Aus den Merkheften des Nürnberger Industrie-Pioniers Sigmund Schuckert. In: Jahrbuch für Fränkische Landesforschung, Band 42 (1982). Nürnberg

Kruckenberg 1960   Franz Kruckenberg: Fernschnellbahn und Verkehrshaus. Heidelberg

Langen 1949   Arnold Langen: Nicolaus August Otto. Der Schöpfer des Verbrennungsmotors. Stuttgart

Lessing 2003   Hans-Erhard Lessing: Automobilität. Karl Drais und die unglaublichen Anfänge. Leipzig

Lorch 1990   Heimatbuch der Stadt Lorch, Band 2. Lorch

Madelung 1996   Persönliche Mitteilung von Dr. Eva Madelung-Bosch

Musil 1904   Robert Musil: Die Kraftmaschinen des Kleingewerbes. In: Natur und Kultur 1 (1904), S. 307. Zitiert nach: Robert Musil: Beitrag zur Beurteilung der Lehren Machs und Studien zur Technik und Psychotechnik, Reprint Reinbek 1980, S. 145

Niemann 2000   Harry Niemann: Gottlieb Daimler. Fabriken, Banken und Motoren. Bielefeld

Nuhn 1992   Heinrich Nuhn: August Spies. Ein hessischer Sozialrevolutionär in Amerika. Kassel

Pierenkemper 1987   Toni Pierenkemper: Robert Bosch, der Industrielle. In: Kultur & Technik (München) 1 / 1987

Prinzing 1989   Marlis Prinzing: Der Streik bei Bosch im Jahre 1913 – ein Beitrag zur Geschichte von Rationalisierung und Arbeiterbewegung. In: Beiheft 61, Zeitschrift für Unternehmensgeschichte. Stuttgart

Puschnerat 2003   Tania Puschnerat: Clara Zetkin. Bürgerlichkeit und Marxismus. Eine Biographie. Essen

Rauck 1979   Max Rauck: Wilhelm Maybach. Der große Automobilkonstrukteur. Baar

Reuleaux 1877   Franz Reuleaux: Briefe aus Philadelphia. Braunschweig (Reprint Weinheim 1983)

Riesle 1996   Persönliche Mitteilung von Hans Riesle an den Autor

Sass 1962   Friedrich Sass: Geschichte des deutschen Verbrennungsmotorenbaus von 1860 bis 1918. Heidelberg

Scholtyseck 1999   Joachim Scholtyseck: Robert Bosch und der liberale Widerstand gegen Hitler 1933 – 1945. München

Seherr-Thoss 1987   Hans-Christoph Seherr-Thoss: Die Brennstoffzuführung bei schnellaufenden Verbrennungsmotoren. In: Kultur & Technik (München) 1/1987

Sievers 1995   Immo Sievers: Auto-Cars. Die Beziehungen zwischen der englischen und der deutschen Automobilindustrie vor dem Ersten Weltkrieg. Frankfurt a. M.

Steinschulte 2004   Persönliche Mitteilung von Edmund Steinschulte an den Autor

Stevens 1889   Thomas Stevens: Um die Erde mit dem Zweirad. Leipzig (Reprint Stuttgart 1984)

Sulloway 1999   Frank J. Sulloway: Der Rebell der Familie. München

VDI 1931   VDI (Hg.) mit Conrad Matschoß und Eugen Diesel: Robert Bosch und sein Werk. Berlin

v. Jena 1939   Burchard v. Jena: Fohlenaufzucht auf dem Boschhof. In: Deutsche Reiterhefte 4 (1939)

Westmeyer 1978   Brief von Hans Westmeyer an Prof. Zundel

Winand 2004   Brief von Michael Wienand an den Autor

Zundel 1908   Fritz Zundel: Brief an die Töchter Bosch. Archiv Prof. Zundel

Zundel 1996   Archiv und persönliche Mitteilung von Prof. Zundel

Zundel 2006   Georg Zundel: «Es muß viel geschehen». Erinnerungen eines friedenspolitisch engagierten Naturwissenschaftlers. Berlin

Alle mit «Bosch-Archiv» und Signatur bezeichneten Quellen: Historische Kommunikation der Bosch GmbH, Stuttgart-Feuerbach

ZEUGNISSE

R. D. F. Paul
Ein kluger und weitblickender
Geschäftsmann ist Robert Bosch.
Trotz all seines Reichtums eher
nach Art eines Hyde-Park-Sozialis-
ten und Wanderredners gekleidet
als nach Art eines Millionärs, ver-
leugnet er nicht seine einfache
Herkunft und seine frühere elektrotechnische Schulung bei Siemens
Brothers Ltd. in Woolwich, wo er
seine Kenntnisse bei der glänzen-
den Bezahlung von 25 Shilling pro
Woche holte!
The Motor (London),
14. 8. 1917

Eugen Diesel
Man weiß von Bosch, daß er kein
Freund des Militärs ist, daß er
allem, was Militarismus ist, tiefes
Mißtrauen entgegenbringt. Und
doch sind es auch gewisse solda-
tische Eigenschaften, die in einiger
Hinsicht seinen Erfolg mit herauf-
geführt haben. Er sagt selbst von
sich, daß er körperlich gewandt und
unternehmend gewesen sei, ohne
seine Kräfte zu überschätzen, und
daß ihm nahegelegt wurde, Soldat zu
werden.
VDI (Hg.) usw.: Robert Bosch und
sein Werk, 1931

Paul Reusch
Robert Bosch ist als aufrechter und
echter Schwabe immer seine eigenen
Wege gegangen. Niemals war er ein
Mann der Kompromisse und ist das
auch heute nicht. Was er für recht
hielt, das wollte er auch voll und
ganz durchgeführt wissen. Hierfür
scheute er keinen Kampf. Für seine
Person ist Bosch ein Individualist
vom reinsten Wasser. Aber dort, wo
er es im Interesse der Allgemeinheit
für zweckmäßig hielt, sprach er auch
dem Kollektivismus die Berechti-
gung nicht ab, sondern förderte ihn
sogar.
Paul Reusch, Hermann Bücher: Robert
Bosch. Aus alter und neuer Zeit, 1931

Heinrich Hauser
Eine hohe Gestalt, hager, langglied-
rig, die Schultern etwas gebeugt. Der
lange schmale Kopf erinnert stark an
Bernhard Shaw. Die braunen Augen
haben auch in den hohen Jahren
ihren Glanz nicht verloren, sie können einem noch bis auf den Grund
der Seele blicken. Auffallend sind die
langen Mechanikerhände mit ihren
feinnervigen Fingern. Er fragte mich
nach den Eindrücken in seinem
Werk, und ich meinte, dort sähe der
Arbeiter aus wie anderswo der Ingenieur. Die Faltenfächer um die Augen
spannten sich, als er lachend sagte:
«Dies Kompliment kann ich ausnahmsweise annehmen, denn es gilt
nicht mir oder dem Werk, sondern
den Schwaben.»
Heinrich Hauser: Im Kraftfeld von
Rüsselsheim, 1938

Carl Friedrich Goerdeler
Im klaren Denken kommt Bosch
zur Erkenntnis, daß Wirtschaften
an Naturgesetze gebunden ist. Er
weiß, daß der Mensch zur Schaffung
der Werte, mit denen er sein Leben
erhalten und verbessern will, auf
die Natur, ihre Stoffe, ihre Kräfte,
ihre Gesetze angewiesen ist. Daraus
wieder erwächst die Klarheit, daß
Mensch und Gemeinschaft niemals
mehr verbrauchen können, als durch
Arbeit der Natur abgewonnen ist,
und daß der Ausgleich zwischen
Ergebnis der Arbeit und Verbrauch,
zwischen Einnahmen und Ausgabe
hartes Naturgesetz ist.
Deutsche Rundschau 68 (1941)

Wilhelm Keil
An der vollkommen vorurteilslosen
Haltung Boschs hatte sich auch
durch den 1913 aus parteipolitischen

Gründen von einem «radikalen» Demagogen heraufbeschworenen großen Konflikt mit seinen Arbeitern nichts geändert. Er blieb ein besonderer Unternehmertyp mit großem sozialem Verständnis und weitem politischem Blick, der sich von der allgemeinen Unternehmerpolitik weit distanzierte.

Wilhelm Keil: Erlebnisse eines Sozial-demokraten, 1948

Richard von Coudenhove-Kalergi

Robert Bosch war einer der besten deutschen Europäer. Als ein Selfmademan war er Paneuropäer nicht aus wirtschaftlichen, sondern aus moralischen Gründen. Nach dem Ersten Weltkrieg hatte er alle seine großen Kriegsgewinne zu wohltätigen Zwecken weggeschenkt, da er vom Unglück anderer nicht profitieren wollte. Aus den gleichen Motiven wurde er Paneuropäer: nicht um besser exportieren zu können, sondern um Europa vor neuen Kriegen zu sichern.

Richard von Coudenhove-Kalergi: Eine Idee erobert Europa, 1958

Hans Walz

Die Sozialität des Unternehmers Bosch wurzelt nicht in menschenfreundlicher Schwärmerei, sondern in gleichsam wissenschaftlicher Erfassung und Verwertung der biologischen Grundlagen menschlichen Leistungswillens und wirtschaftlicher Höchstleistung.

Otto Debatin: Sie haben mitgeholfen, 1963

Hans L. Merkle

Robert Bosch wußte zu rechnen, aber er war nicht berechnend. Sich nach einer Büroklammer zu bücken, ein nicht benötigtes Licht zu löschen – das drückte nicht Kleinlichkeit, sondern unbedingte Wirtschaftlichkeit aus. Das «Zusammenhalten» machte es ihm möglich, andererseits von einmaliger Großzügigkeit zu sein.

Hans L. Merkle: Kultur der Wirtschaft, 1988

BIBLIOGRAPHIE

Publikationen Robert Boschs (ohne Zeitungen und Hauszeitschrift)

Ein neuer elektrischer Wasserstandsmelder. In: Elektrotechnische Zeitschrift 9, 134 (1893) [zugleich Honolds Gesellenstück]
Neuer elektromagnetischer Zündapparat von R. Bosch. In: Der Motorwagen 1, 121 (1898) [Zähringers Erfindung]
Verlängerung der Arbeitszeit und Steigerung der Warenerzeugung. In: Soziale Praxis und Archiv für Volkswohlfahrt (17. 5. 1922), Berlin; Die Hilfe Nr. 24 vom 25. 8. 1922
Achtstundentag und Wiederaufbau. In: Der Wiederaufbau. Zeitschrift für Weltwirtschaft Nr. 17 vom 22. 11. 1922
Wie kommen wir zum wirtschaftlichen Frieden. In: Jerome Davis (Hg.): Industrieller Friede, Leipzig 1928 [abgedruckt in Bosch-Schriftenreihe 1]
Die Verhütung künftiger Krisen in der Weltwirtschaft. Privatdruck 1932; englisch, London 1937

Biographien und Firmengeschichten

Baumgart, Waldemar: Der zündende Funke. Weg, Wesen und Werk von Robert Bosch. Zeulenroda 1944 [unautorisiert; NS-vereinnahmend]
Herdt, Hans Konradin: BOSCH 1886 – 1986 – Porträt eines Unternehmens. Stuttgart 1986 [im Firmenauftrag]
Heuss, Theodor (Hg.) mit Theodor Bäuerle u. a.: Robert Bosch. Stuttgart 1931 [Festschrift zum 70. Geburtstag]
Heuss, Theodor: Robert Bosch – Leben und Leistung. Tübingen 1946; 9. Auflage, Stuttgart 1986 [im Firmenauftrag]
Kaiser, Walter: Bosch und das Kraftfahrzeug – Rückblick 1950 – 2003, Stuttgart 2004 [im Firmenauftrag]
Müller, Rainer: Das Robert-Bosch-Haus. Stuttgart 1988 [Umbau der Villa für die Robert-Bosch-Stiftung]
Ostertag, Roland (Hg.): Das Bosch-Areal. Stuttgart 2004 [das verlassene Stuttgarter Werksgelände und seine Umgestaltung]
Pierenkemper, Toni: Robert Bosch, der Industrielle. Zum Typus des deutschen Unternehmers in der Hochindustrialisierung. In: Kultur & Technik 1 / 1987
Prinzing, Marlis: Der Streik bei Bosch im Jahre 1913 – ein Beitrag zur Geschichte von Rationalisierung und Arbeiterbewegung. In: Beiheft 61, Zeitschrift für Unternehmensgeschichte. Stuttgart 1989 [Magisterarbeit]
Scholtyseck, Joachim: Die Firma Robert Bosch und ihre Hilfe für Juden. In: Michael Kißener (Hg.): Widerstand gegen die Judenverfolgung. Konstanz 1996
Scholtyseck, Joachim: Robert Bosch und der liberale Widerstand gegen Hitler 1933 – 1945. München 1999 [gekürzte Fassung einer Habilitationsschrift]
Verein Deutscher Ingenieure (Hg.) mit Conrad Matschoß und Eugen Diesel: Robert Bosch und sein Werk. Berlin 1931 [zum 25. Jubiläum; Technikhistoriker Matschoß war hauptberuflich VDI-Funktionär]

Firmenschriften (außer Produktinformation)

Werkszeitung «Der Bosch-Zünder» seit 1919, monatlich
Fünfzig Jahre Bosch 1886 – 1936. Stuttgart 1936 [Festschrift ohne

NS-Bezüge, beste Information über Produktgeschichte]

Bosch-Schriftenreihe (beendet)

Folge 1 «Sei Mensch und ehre Menschenwürde». Aufsätze, Reden und Gedanken von Robert Bosch. 1950, 1957

Folge 2 Egmont Hiller: «Was ist Bosch?» Ein Einführungsbuch für Neueintretende. 1950

Folge 3 Friedrich Schildberger: Bosch und der Dieselmotor. 1950

Folge 4 Egon Braun: Sozialpolitik bei Bosch. 1951

Folge 5 Friedrich Schildberger: Bosch und die Zündung. 1952

Folge 6 Otto Debatin: Der Lehrling im Hause Bosch. 1953

Folge 7 Otto Debatin, Helmut Hajek: Unfallverhütung bei Bosch. 1955

Folge 8 Werner Staib: Deutsche Sprachbriefe. 1960, 1961

Folge 9 Götz Küster: 75 Jahre Bosch. 1961

Folge 10 Götz Küster: Bosch-Lehre gestern und heute. 1963

Folge 11 Otto Debatin: Sie haben mitgeholfen. Lebensbilder verdienter Mitarbeiter des Hauses Bosch. 1963

Jubiläums-Ausstellung, Katalog: Robert Bosch 1861–1942. BOSCH 1886–1986. Stuttgart 1986

Schriftenreihe zur Bosch-Geschichte (vormals: Bosch-Archiv-Schriftenreihe)

Band 1: Rolf Becker, Joachim Scholtyseck: Robert Bosch und die deutsch-französische Verständigung. Politisches Denken und Handeln im Spiegel der Briefwechsel. Stuttgart 1996

Band 2: Rolf Becker, Frauke Engel: «Unsere beste Reklame war stets unsere Ware» – Werbung bei Bosch von den Anfängen bis 1960. Stuttgart 1998

Band 3: Dieter Schmitt: Theodor Bäuerle (1882–1956) – Engagement für Bildung in schwierigen Zeiten. Stuttgart 2005

Magazin zur Bosch-Geschichte (vormals: Datenheft zur Bosch-Geschichte), jährlich seit 1996; herunterladbar von http://archive.bosch.com/de/archive/index.htm

Sonderheft 1: Robert Bosch. Leben und Werk. 2001, Autor: Dr. Rolf Becker

Sonderheft 2: Bosch Automotive. Produktgeschichte im Überblick. 2005, Autor: Dietrich Kuhlgatz

Website «EinBlick» ab September 2001: www.bosch.com/de/archive

Namenregister

Über den Autor

Hans-Erhard Lessing, 1938 geboren, Studium der Physik an der Technischen Hochschule Stuttgart, Dissertation in Berlin. Laserforschung bei IBM Research Laboratories im kalifornischen San José und in Ulm. Dort Habilitation in Physikalischer Chemie, 1981 Professor auf Zeit, danach apl. Professor. 1985 Oberkonservator am Landesmuseum für Technik und Arbeit in Mannheim, 1990 Hauptkonservator am Zentrum für Kunst und Medientechnologie in Karlsruhe. Zahlreiche Publikationen zur Technikgeschichte und zur Science-Center-Bewegung.

Danksagung

Wie immer, wenn Technikgeschichte sich der Dominanz der Wirtschaftsgeschichte entledigt und auf Spurensuche nach den technischen Ideen begibt, werden Archivalien und Zeitzeugnisse Mangelware. Umso mehr ist es der Generation der Enkel Boschs zu danken, dass sie zur Verfügung stellten, was noch überkommen ist. Herr und Frau Prof. Dr. Georg Zundel haben mir ihr Archiv geöffnet, unveröffentlichte Tagebücher, Briefe und Fotografien zur Verfügung gestellt und wertvolle Informationen und Hinweise gegeben. Ohne sie hätte dieses Buch nicht geschrieben werden können. Ebenso danke ich Herrn Dr. Christof Bosch für Informationen über den Boschhof und ein frühes Porträt von Robert Boschs zweiter Frau, wozu Frau Irmgard Bosch dankenswerterweise verhalf. Frau Dr. Eva Madelung, der Tochter Robert Boschs, bin ich für ein Gespräch und manche Anekdote aus dem Leben ihres Vaters verbunden.

Dem Bosch-Archiv danke ich für den umfassenden Einblick in seine Bestände und sein Bildmaterial.

Sich der technischen Intelligenz personengeschichtlich zu nähern, erfordert oft den zähen Familienforscher, da ihre Nachlässe nur in Ausnahmefällen archiviert werden, weil sie im Industrieland Deutschland offenbar nicht auf der Agenda der Allgemeinhistoriker und Archivare steht. Allein nur das Porträt eines Weggefährten aus den Wanderjahren Robert Boschs zu finden, erforderte jahrelange Korrespondenz mit den Nachlassgerichten, denen für ihre unbürokratische Hilfe hier gedankt sei, sowie natürlich den glücklich aufgespürten Erben und Bildgebern, Herrn und Frau Heinrich Löfflad. Ohne die Stadt-, Kreis- und Staatsarchive wären gleichwohl viele interessante Zusammenhänge unentdeckt geblieben, und für wertvolle Aufschlüsse sei hier stellvertretend für alle Frau Monika Rademacher (Hanau) und Herrn Eckhard Mortag (Gotha) gedankt. Aber auch private Hilfe wurde mir zuteil, wofür ich besonders Frau Else Fischer, Frau Cornelia Hirche, Herrn Pfarrer i. R. Siegfried Bassler, Herrn Dr. Karl Gerok, Herrn Peter M. Grosz (Princeton), Herrn Edmund Steinschulte und Herrn Michael Winand (Oxford) verbunden bin.

Das Buch widme ich dem Andenken an meine Eltern: Olge Lessing, die 1945 den Schwäbisch Gmünder Volkssturm vor den anrückenden Alliierten heimschickte, und Dipl.-Ing. Erhard Lessing, Bonatz-Schüler, Architekt und nach der Weltwirtschaftskrise Gewerbeschuldirektor.

QUELLENNACHWEIS DER ABBILDUNGEN

Fotos: Bosch-Archiv, Stuttgart: 1 und 3, 6, 9, 10, 13, 37, 62, 63, 69, 84, 86, 88, 103, 108, 116, 121, 123, 125, 130, 136, 140, 142

Privatbesitz Prof. Georg Zundel, Salzburg: 11, 73, 95, 101, 109, 139, 141

Aus: Karl Höhn (Hg.): Ulmer Bilderchronik. Bd. 2 (1849–90 und 1929–30). Ulm 1931: 15

Aus: Ulmer Forum, Heft 55, Herbst 1980: 18

Siemens Corporate Archives, München: 26, 38

Mercedes-Benz-Heritage, Stuttgart: 27 (Archiv Maschinenfabrik Esslingen), 126

Aus: Dinglers Polytechnisches Journal: 34 (Bd. 315, 1900)

Heinrich Löfflad, Albessen: 51

Deutsches Patentamt, München: 53, 59 (Funke ergänzt durch den Autor)

Nach: Horst Hardenberg: Siegfried Marcus. Mythos und Wirklichkeit. Bielefeld 2000: 55 (Funke und Schrift ergänzt durch den Autor)

Foto: Stuttgarter Straßenbahnen AG, Archiv: 61

Nach: Friedrich Schildberger: Bosch und die Zündung. Bosch-Schriftenreihe, Folge 5. Stuttgart 1952: 67 (Funken ergänzt durch den Autor)

Aus: Matthias Kielwein / Hans-Erhard Lessing: Kaleidoskop früher Fahrrad- und Motorradtechnik. Aus Dinglers Polytechnischem Journal 1895–1908. Leipzig 2005: 77

Grafik des Autors: 78

Internationaal Instituut voor Sociale Geschiedenis, Amsterdam: 91, 96, 97

Aus: Der Beobachter, 16. Juli 1913: 111

Stadtarchiv Gotha 2 / 13067: 114/115

Elisabeth Fischer, Stuttgart: 119

Dr. Christof Bosch, Königsdorf: 131

Aus: VDI (Hg.) mit Conrad Matschoß und Eugen Diesel: Robert Bosch und sein Werk. Berlin 1931: 133

S 23/3

rowohlts monographien

Große Denker

Aristoteles
J.-M. Zemb
3-499-50063-9

Platon
Uwe Neumann
3-499-50533-9

Seneca
Marion Giebel
3-499-50575-4

Sokrates
Gottfried Martin
3-499-50128-7

Karl Marx
Werner Blumenberg
3-499-50076-0

C. G. Jung
Gerhard Wehr
3-499-50152-X

Sigmund Freud
Hans-Martin Lohmann
3-499-50693-9

Martin Heidegger
Manfred Geier
3-499-50665-3

Karl Popper
Manfred Geier
3-499-50468-5

Jean-Paul Sartre
Christa Hackenesch
3-499-50629-7

Friedrich Nietzsche
Ivo Frenzel

Friedrich Nietzsche
Ivo Frenzel

3-499-50634-3

Weitere Informationen in der Rowohlt Revue oder unter www.rororo.de